普通高校本科计算机专业特色教材·算法与程序设计

算法设计方法与优化（第2版）

滕国文　滕　泰　编著

清华大学出版社
北　京

内 容 简 介

本书简要介绍了算法设计、分析和优化的基础知识,并重点讲解了算法设计方法。书中先结合大量的典型例题分别讲解常用的 10 种算法设计方法——求值法、累加法、累乘法、递推法、递归法、枚举法、分治法、贪心法、回溯法和动态规划法,最后通过实例给出算法设计的综合应用。每个例题都从问题描述、问题分析、算法说明、算法设计、运行结果和算法优化 6 方面讲解。

本书结合实例、内容丰富、深入浅出、结构清晰,可以作为高等院校计算机及相关专业本科生和研究生算法设计课程的教材,也适合 IT 从业人员和计算机编程爱好者学习参考。

图书在版编目(CIP)数据

算法设计方法与优化/滕国文,滕泰编著. —2 版. —北京:清华大学出版社,2023.9
普通高校本科计算机专业特色教材·算法与程序设计
ISBN 978-7-302-64065-3

Ⅰ. ①算⋯ Ⅱ. ①滕⋯ ②滕⋯ Ⅲ. ①电子计算机－算法设计－高等学校－教材 Ⅳ. ①TP301.6

中国国家版本馆 CIP 数据核字(2023)第 128670 号

责任编辑:	袁勤勇
封面设计:	常雪影
责任校对:	申晓焕
责任印制:	沈 露

出版发行:清华大学出版社
    网   址:http://www.tup.com.cn,http://www.wqbook.com
    地   址:北京清华大学学研大厦 A 座   邮 编:100084
    社 总 机:010-83470000   邮 购:010-62786544
    投稿与读者服务:010-62776969,c-service@tup.tsinghua.edu.cn
    质量反馈:010-62772015,zhiliang@tup.tsinghua.edu.cn
    课件下载:http://www.tup.com.cn,010-83470236
印 装 者:三河市铭诚印务有限公司
经 销:全国新华书店
开 本:185mm×260mm   印 张:16.5   字 数:405 千字
版 次:2013 年 9 月第 1 版 2023 年 10 月第 2 版   印 次:2023 年 10 月第 1 次印刷
定 价:56.00 元

产品编号:098512-01

第2版 前言

FOREWORD

思政材料

————些著名的计算机科学家在有关计算机科学教育的论述中认为,计算机科学是一种创造性的思维活动,其教育必须面向设计。算法被公认为是计算机科学的基石。因此,算法设计这门课在计算机科学与技术学科中占核心地位。学会读懂算法、设计算法是计算机专业学生的一项最基本的要求。通过对计算机算法系统的学习与研究,理解和掌握算法设计的主要方法,培养对算法优化和分析的能力,将为运用计算机解决实际问题奠定坚实的基础。

本书在第1版的基础上对部分章节做了修改和完善,旨在使本教材适合读者学习C语言后即可直接使用,不需要数据结构等其他计算机专业知识。因此删除了所有与数据结构等相关的典型例题,增加了简单的趣味性的典型例题。

全书共分为12章。第1章简要介绍了算法设计、分析和优化的基础知识,第2章～第11章系统讲解了10种常用的算法设计方法,分别为求值法、累加法、累乘法、递推法、递归法、枚举法、分治法、贪心法、回溯法和动态规划法,第12章是算法设计综合应用。

本书是在第1版基础上,由吉林师范大学滕国文完成第1、2、3、9、10、12章的修订编写,中国人民解放军32201部队滕泰完成第4、5、6、7、8、11章的修订编写。数据科学与大数据专业2020级学生(董力赫、刘聪慧、王小灿和王冠捷)和2021级学生(周航、陈思雨、张震和朱怡霏)参与了部分代码编写、程序调试和校对工作,作者深表感谢!

在本书的编写过程中,作者参阅并借鉴了国内外诸多同行的文章和著作,这里不一一列举、标明,在此谨致以诚挚的谢意!

本书得到了吉林师范大学教材出版基金资助。

由于作者水平有限,加之学科理论与技术发展日新月异,因此书中疏漏、谬误之处在所难免,恳请广大读者指正。

作　者

2023年2月

第1版
前言

FOREWORD

———些著名的计算机科学家在有关计算机科学教育的论述中认为,计算机科学是一种创造性的思维活动,其教育必须面向设计。算法被公认为是计算机科学的基石。因此,算法设计这门课在计算机科学与技术学科中占核心地位。学会读懂算法、设计算法是计算机专业学生的一项最基本的要求。通过对计算机算法系统的学习与研究,理解和掌握算法设计的主要方法,培养对算法优化和分析的能力,将为运用计算机解决实际问题奠定坚实的基础。

计算机解决问题的核心是算法设计,算法设计的关键是掌握一些常用的算法设计方法和抽象的计算思维方式。

在本书各章的讨论中,首先介绍一种算法设计方法的基本思想,然后运用该算法设计方法解决经典问题,并给出用 C 语言描述的具体算法。通过比较各种算法设计方法在求解不同问题中的应用,牢固掌握算法设计技术的基本策略;通过比较不同算法设计方法在同一问题上的应用,更深刻体会算法设计方法的思想,锻炼逻辑思维能力,达到融会贯通的效果。

全书共分为 12 章。第 1 章简要介绍了算法设计、分析和优化的基础知识,第 2~11 章系统讲解了 10 种常用的算法设计方法,分别为求值法、累加法、累乘法、递推法、递归法、枚举法、分治法、贪心法、回溯法和动态规划法,第 12 章是算法设计综合应用。

本书的第 1、12 章由滕国文执笔;第 2、3 章由宫耀勤执笔;第 4、5 章由李闯执笔;第 6、11 章由滕泰执笔;第 7、8 章由丛飚执笔;第 9、10 章由张伟执笔。2010 级学生(张天骥、徐悦、姜波、张丽、杨昌宇、周凯、李金刚、张梦琳、罗春龙、王琪、曹宇和李少军)和硕士研究生(滕硕、董亚群、刘洋、张菁、曾轩、肖春英和张雷)参与了部分代码编写和程序调试工作,夏凤琴、温毓铭和 2010 级部分学生参与了书稿的校对工作,作者在此一并致以诚挚的谢意! 全书由滕国文教授统稿、审阅和整理后定稿。

　　在本书的编写过程中，作者参阅并借鉴了国内外诸多同行的文章和著作，这里不一一列举、标明，在此谨致以谢意！

　　由于作者水平有限，加之学科理论与技术发展日新月异，因此书中疏漏、谬误之处在所难免，恳请广大读者指正。

作　者

2013 年 6 月

目 录

CONTENTS

思政材料

第 *1* 章　　算 法 概 述

1.1　算法与问题求解

用计算机解决实际问题时，最终要编制程序，根据著名的计算机专家沃思(Niklaus Wirth)提出的著名公式：

算法＋数据结构＝程序

可以看出，要编制程序，必须确定算法和数据结构。

1.1.1　算法的定义

算法就是为了求解问题而给出的指令序列，可以理解为由基本运算及规定的运算顺序构成的完整的解题步骤，而程序是算法的一种实现。计算机按照程序逐步执行算法，实现对问题的求解。简单来说，算法可以看成按照要求设计好的有限的、确切的计算序列，并且这样的步骤和序列可以解决某一个(类)问题。

算法设计的重点就是把人类找到的求解问题的方法、步骤，以过程化、形式化、机械化的形式表示出来，让计算机执行。

若某个问题可以通过一个计算机程序，在有限的存储空间内运行有限的时间而得到正确的结果，则称这个问题是算法可解的。但算法不等于程序，也不等于计算方法。当然，程序也可以作为算法的一种描述，但因为计算机系统环境的限制，程序还需要考虑很多与方法和分析无关的细节问题，所以程序的编制通常不可能优于算法的设计。

算法是一个十分古老的研究课题，然而计算机的出现为这个课题注入了青春和活力，使算法的设计和分析成为计算机科学中最为活跃的研究热点之一。

1967 年，D. E. Knuth 指出"算法是贯穿在所有计算机程序设计中的一个基本概念"，因此，算法被誉为计算机学科的灵魂！

数学大师吴文俊指出：我国传统数学在从问题出发以解决问题为主旨的发展过程中建立了以构造性与机械化为其特色的算法体系，这与西方数学以欧几里得《几何原本》为代表的所谓公理化演绎体系正好遥遥相对……肇始于我国的这种机械化体系，在经过明代以来几百年的相对消沉后，因计算机的出现，已越来越为数学家所认识与重视，势将重新登上历史舞台。吴文俊创立的几何定理的机器证明方法（世称吴方法），用现代的算法理论将中国古代传统算法发扬光大，不但享有很高的国际声誉，也受到大家的高度关注。

1.1.2 问题求解

用计算机解决实际问题，就是在计算机中建立一个解决问题的模型。在这个模型中，计算机内部的数据表示需要被处理的实际对象（包括其内在的性质和关系）、处理这些数据的程序、模拟对象领域中的求解过程。通过解释计算机程序的运行结果，可得到实际问题的解。下面给出用计算机求解问题的一般步骤。

1. 问题分析

这个阶段的任务是弄清题目的已知信息和要解决的问题。完整地理解和描述问题是解决问题的关键。要做到这一点，必须注意以下一些问题：是否完全理解未经加工的原始表达中的术语的准确定义？题目提供了哪些已知信息？还可以得到哪些潜在的信息？题目中做了哪些假定？题目要求得到什么结果？等等。必须针对每个具体问题，认真审查相关描述，深入分析，以加深对问题的准确理解。

2. 数学模型创建

用计算机解决实际问题时必须建立合适的数学模型。针对一个实际问题建立数学模型，需要考虑两个基本问题：最适合于此问题的数学模型是什么？是否有已经解决了的类似问题可以借鉴？

建立数学模型是用计算机求解问题时最关键且较困难的一步，涉及四个世界和三级抽象。四个世界分别是现实世界（客观世界）、信息世界（概念世界）、数据世界、计算机世界。三级抽象分别是：现实世界到信息世界的抽象，建立信息模型或概念模型；信息世界到数据世界的抽象，将信息转换为数据，建立数据模型；数据世界到计算机世界的抽象，建立存储模型，并在计算机中实现。

3. 算法设计

算法设计是指设计求解某一特定类型问题的一系列步骤，并且这些步骤可以通过计算机的基本操作来实现。算法设计要同时结合数据结构的设计，简单来说，数据结构的设计就是选取存储方式，不同的数据结构设计将导致采用不同算法。算法的设计与模型的选择更是密切相关，但同一模型仍然可以有不同的算法，而且算法之间的有效性差距可能相当大。

算法设计方法也称算法设计技术或算法设计策略，是设计算法的一般性方法，可用于解决不同计算领域的多种问题。虽然设计算法尤其是设计出好的算法是一件非常困难的工作，但是设计算法并非没有方法可循，几十年来，人们总结和积累了许多行之有效的方法，了解和掌握这些方法会为我们解决问题提供一些思路。本书讨论的算法设计方法已被证明是对算法设计非常实用的通用技术，包括求值法、累加法、累乘法、递推法、递归法、枚举法、分治法、贪心法、回溯法和动态规划法等。这些算法设计方法构成了一组强有力的工具，可用于大量实际问题的求解。

4. 算法表示

复杂的问题在确定算法后可以用一种算法描述方式来准确表示算法。算法的描述方式有很多,如传统流程图、盒图、PAD图、伪码和高级语言等,其中高级语言是最理想的描述算法的方法,因此,本书选择 C 语言来表示算法。

5. 算法分析

算法分析的目的首先是针对算法的某些特定输入,估算该算法所需的内存空间和运行时间,其次是为了建立衡量算法优劣的标准,用以比较同一类问题的不同算法。一般来说,一个好的算法至少应该比同类算法的时间效率高,而算法的时间效率用时间复杂度来度量。

6. 算法实现

算法实现指编码,也就是平常所说的编程序,即将算法设计"转译"成某种计算机语言的表述形式,才能够在计算机上执行。编码的目的是使用选定的程序设计语言,把算法描述翻译成为用该语言编写的源程序(或源代码)。源程序应该正确可靠、简明清晰,而且具有较高的效率。

在把算法转变为程序的过程中,虽然现代编译器提供了代码优化功能,但是,仍然需要一些技巧,例如,在循环之外计算循环中的不变式、合并公共子表达式等。

7. 程序调试

程序调试也称为算法测试,其任务是发现和排除在前几个阶段中产生的错误。经测试通过的程序才可投入运行,在运行过程中还可能发现隐含的错误和问题,因此,还必须在使用中不断地维护和完善。

算法测试的实质是对算法应完成任务的实验证实,同时确定算法的使用范围。测试方法一般有两种:白盒测试,对算法的各个分支进行测试;黑盒测试,检验对给定的输入是否有指定的输出。

8. 结果整理、文档编制

结果整理时,要对计算结果进行分析,看其是否符合实际问题的要求,如果符合,问题得到解决,可以结束;如果不符合,说明前面的步骤一定存在问题,必须返回,从头开始逐步检查,找出错误并重新设计,这个循环过程也可能重复多次。

编制文档的目的是帮助别人理解你编写的算法。首先要把代码编写清楚,代码本身就是文档,同时还有代码的注释。另外,还要在文档中放入算法的流程图,自顶向下的各研制阶段的相关记录,算法的正确性证明(论述),算法测试过程、结果,对输入/输出的要求及格式的详细描述等。

1.2　算法的要素和特性

1.2.1　算法的要素

算法由操作、控制结构和数据结构三要素组成。

1. 操作

尽管算法实现平台有许多种类,其函数库、类库也有较大差异,但是必须具备的最基本的操作功能却是相同的。这些操作包括以下几方面。

（1）算术运算：加法、减法、乘法、除法等运算。

（2）关系比较：大于、小于、等于、不等于等运算。

（3）逻辑运算：与、或、非等运算。

（4）数据传送：输入、输出、赋值等操作。

2. 控制结构

一个算法功能的实现不仅取决于所选用的操作，而且还与各操作之间的执行顺序有关。算法中各操作之间的执行顺序称为算法的控制结构。算法的控制结构给出了算法的基本框架，它不仅决定了算法中各操作的执行顺序，而且也直接反映了算法的设计是否符合结构化原则。

算法的基本控制结构有以下3种。

（1）顺序结构：顺序结构是程序设计中最简单、最常用的基本结构。在该结构中，各操作块按照出现的先后顺序依次执行。它是任何程序的主体基本结构，即使在选择结构或循环结构中，也常以顺序结构作为其子结构。

（2）选择结构：又称为分支结构，是指程序依据条件所列出的表达式的结果来决定执行多个分支中的哪一个分支，进而改变程序执行的流程。依据条件选择分支的结构称为选择结构。

（3）循环结构：某一类问题可能需要重复多次执行完全一样的计算和处理方法，而每次使用的数据都按照一定的规律改变。这种可能重复执行多次的结构称为循环结构，又称重复结构。

3. 数据结构

算法操作的对象是数据，数据间的逻辑关系、数据的存储方式及处理方式就是数据结构。数据结构与算法设计紧密相关。

在计算机的帮助下，许多过去靠人工无法计算的复杂问题有了解决的希望。不过，使用计算机进行计算时，首先要解决的是如何把要处理的对象存储到计算机中，即选择适当的数据结构。

1.2.2 算法的基本特性

算法应具有以下5个重要特性。

（1）输入：一个算法有0个或多个外部量作为算法的输入。有些输入量需要在算法执行过程中输入，而有些算法表面上可以没有输入，实际上已被嵌入算法之中。

（2）输出：一个算法产生至少一个或多个量作为输出。它是一组与输入有确定关系的量值，是算法进行信息加工后得到的结果。

（3）确定性：算法中的每一条指令必须有确切的含义，且无二义性。即每种情况下所应执行的操作在算法中都有确切的规定，能让算法的执行者或阅读者明确其含义及如何执行。在任何条件下，相同的输入只能得到相同的输出。

（4）有穷性：是指算法必须能在执行有限步骤后、在有限的时间内终止。即每条指令的执行次数和执行时间必须是有限的。

（5）可行性：算法描述的操作可以通过已经实现的基本操作执行有限次来实现。即算法的每一个步骤,计算机都能执行。计算机所能执行的动作,是预先设计好的,一旦出厂就不会改变。因此,设计算法时,应考虑每个步骤必须能用计算机所能执行的操作命令实现。

综上所述,算法是一组严谨定义运算顺序的规则,并且每一个规则都是有效的、明确的,此规则将在有限的次数内终止。

1.3　算法的描述

算法设计者在构思和设计了一个算法之后,必须清楚准确地将所设计的求解步骤记录下来,即算法描述。常用的算法描述方法有自然语言、传统流程图、N-S 图、PAD 图、伪代码和高级语言等。本书使用高级语言中的 C 语言来描述算法。

下面首先给出 3 种基本控制结构的描述,然后详细列出 C 语言算法描述的约定。

1.3.1　基本控制结构的描述

计算机科学家已经证明只需要使用 3 种基本控制结构就可以构建解决任何复杂问题的算法。这 3 种基本控制结构是：顺序结构、选择结构和循环结构。

为了更好地领会和理解这 3 种基本控制结构,下面将 C 语言与 N-S 图两种描述方法对照给出。并做如下约定：S(Statement),S1,S2 代表语句;E(Expression),E1,E2,E3 代表表达式;T(True)代表逻辑"真"(成立);F(False)代表逻辑"假"(不成立)。

1. 顺序结构

1）C 语言描述

```
S1
S2
```

图　1-1

即 S1 语句在前,S2 语句在后。

2）N-S 图描述(图 1-1)

顺序结构是指程序的执行次序与程序的书写次序一致。即先执行 S1 ,后执行 S2。

2. 选择结构

1）简单选择结构

（1）C 语言描述。

```
if( E )
    S
```

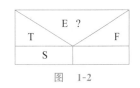

图　1-2

（2）N-S 图描述(图 1-2)。

简单选择结构执行时,先判断表达式 E,若为非零(T,成立),则执行 S;否则什么都不做。

2）一般选择结构

（1）C语言描述。

```
if ( E )
    S1
else
    S2
```

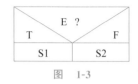

图 1-3

（2）N-S图描述（图1-3）。

一般选择结构执行时，先判断表达式 E，若为非零（T，成立），则执行 S1；否则执行 S2。S1 与 S2 只执行其一，也必执行其一。

3. 循环结构

1）while 循环

（1）C语言描述。

```
while ( E )
    S
```

图　1-4

（2）N-S图描述（图1-4）。

while 循环执行过程：首先判断表达式 E，若为非零（成立），则执行语句 S；执行语句 S后，再返回表达式 E 的判断，如果仍为非零（成立），再次执行语句 S；如此反复，直到某一次表达式 E 为零（不成立）为止，结束该循环。

2）do-while 循环

（1）C语言描述。

```
do
    S
while ( E );
```

图　1-5

（2）N-S图描述（图1-5）。

do-while 循环执行过程：首先执行一次语句 S，然后判断表达式 E，若为非零（成立）时，则再次执行语句 S；执行语句 S后，再返回表达式 E 的判断，如果仍为非零（成立），再次执行语句 S；如此反复，直到某一次表达式 E 为零（不成立）为止，结束该循环。

3）for 循环

（1）C语言描述。

```
for (E1; E2; E3)
    S
```

（2）N-S图描述（图1-6）。

for 循环执行过程：首先计算表达式 E1，之后判断表达式 E2，若为非零（成立），则执行语句 S，并计算表达式 E3；然后再返回表达式 E2 的判断，如果仍为非零（成立），再次执行语句 S，并计算表达式 E3；如此反复，直到某一次表达式 E2

图　1-6

为零(不成立)为止,结束该循环。

1.3.2　C 算法描述约定

1. 算法表示形式

本书中所有的算法都以如下的 C 函数形式表示。

1) 定义格式

```
[函数返回值类型] 函数名 ([形式参数表列及说明])
{
    声明部分
    执行语句部分
}
```

函数的定义主要由函数说明部分和函数体两部分组成,用花括号"{"和"}"括起来的部分为函数体,其前面为函数说明部分。函数中用方括号"["和"]"括起来的部分为可选项,但函数名之后的圆括号"("和")"不能省略。函数通常用 return 语句将指定的值返回给调用者。

2) 调用格式

```
函数名 ([实际参数表列])
```

3) 形实参结合方式

形式参数与实际参数之间信息传递的主要方式有两种:一是值传递,即将实参表达式的值依次传递给对应的形式参数,而形参的改变不会影响到实参,通常称为单向的传值过程;二是地址传递,即将实参变量的地址依次传递给对应的形式参数,这时对应的形参和实参具有相同的地址,也就是说它们共享地址空间,因此,若形参改变,则实参必然随之改变。有人说地址传递是双向传递过程,但是通过上面的讲解,我们知道这种说法不对,或者说不准确。其实,这仍是单向的传递过程!

2. 模块化设计

根据结构化程序设计的思想,可将一个大任务分解成若干个功能独立的子任务。因此算法可由一个主函数和若干个其他函数组成。C 语言的函数相当于其他语言中的子程序,C 语言用函数来实现特定的功能。一个完整的、可执行的 C 程序文件一般结构如下:

```
[文件包含命令]
[宏定义命令]
[用户自定义类型]
[所有子函数的原型说明]
[子函数 1 定义]
...
[子函数 n 定义]
[主函数定义]
```

其中每个子函数都具有独立功能,如需要修改某个子函数,并不影响其他函数的运行。

3. 数据类型及其定义

1）基本数据类型

基本数据类型有整型 int、长整型 long、无符号整型 unsigned、字符型 char、实型 float、双精度实型 double 等。

2）构造数据类型

（1）数组。

定义格式：

```
类型名　数组名[常量表达式]
类型名　数组名[常量表达式 1][常量表达式 2]
```

（2）结构体。

定义格式：

```
struct　[结构体名]
{
类型名 1　成员名 1;
类型名 2　成员名 2;
…
类型名 n　成员名 n;
};
```

3）变量定义

（1）一般变量。

定义格式：

```
类型名　变量名表列;
```

（2）结构体变量。

定义格式：

```
struct　结构体名　变量名表列;
```

（3）指针变量。

定义格式：

```
类型名　*变量名表列;
```

4. 其他约定

1）注释格式

本书中的注释一律采用以下格式：

```
/*　字符串　*/
```

2）宏定义

格式：

```
#define  标识符常量  字符串
```

3）文件包含

格式：

```
#include  "文件名"
```

1.4 算 法 分 析

1.4.1 算法的评价标准

如何评价一个算法的优劣呢？一个"好"的算法评价标准一般有以下 5 方面。

1. 正确性

说一个算法是正确的，是指对于一切合法的输入数据，该算法经过有限时间的执行都能产生正确（或者满足规格说明要求）的结果。正确性是算法设计最基本、最重要、第一位的要求。

2. 可读性

可读性的含义是指算法思想表达的清晰性、易读性、易理解性、易交流性等多个方面，甚至还包括适应性、可扩充性和可移植性等。一个可读性好的算法常常也相对简单。

3. 健壮性

一个算法的健壮性是指其运行的稳定性、容错性、可靠性和环境适应性等。当出现输入数据错误、无意的操作不当或某种失误、软/硬件平台和环境变化等故障时，能否保证正常运行，不至于出现莫名其妙的现象、难以理解的结果甚至经常瘫痪死机等。

4. 时间复杂度

为了分析某个算法的执行时间，可以将那些对所研究的问题来说是基本的操作或运算分离出来，再计算基本运算的次数。一个算法的时间复杂度是指该算法所执行的基本运算的次数。

5. 空间复杂度

算法执行需要存储空间来存放算法本身包含的语句、常量、变量、输入数据和实现其运算所需的数据（如中间结果等），此外还需要一些工作空间来对数据（以某种方式存储）进行操作。算法所占用的空间数量与输入数据的规模、表示方式、算法采用的数据结构、算法的设计以及输入数据的性质有关。算法的空间复杂度指算法执行时所需的存储空间的度量。

在评价一个算法优劣的这 5 个标准中，最重要有两个：一是时间复杂度，二是空间复杂度。人们总是希望一个算法的运行时间尽量短，而运行算法所需的存储空间尽可能少。实际上，这两个方面是有矛盾的，节约算法的执行时间往往以牺牲更多的存储空间为代价，节省存储空间可能要耗费更多的计算时间。因此要根据具体情况在时间和空间上找到一个合理的平衡点，这被称为算法分析。

1.4.2 算法的时间复杂度

1. 和算法执行时间相关的因素

（1）问题中数据存储的数据结构。

（2）算法采用的数学模型。

（3）算法设计的策略。

（4）问题的规模。

（5）实现算法的程序设计语言。

（6）编译算法产生的机器代码的质量。

（7）计算机执行指令的速度。

2. 算法效率的衡量方法

通常有以下两种衡量算法时间效率的方法。

1）事后统计法

事后统计法是先用程序设计语言实现算法，然后度量程序的运行时间。因为很多计算机内部有计时功能，所以可通过一组或多组统计数据来衡量不同算法的优劣。这种度量方法的缺点如下。

（1）必须先用程序设计语言实现算法，并执行算法，才能判断算法的分析，这与算法分析的目的相违背。

（2）不同的算法在相同环境下运行分析，工作效率太低。

（3）若不同算法运行环境有差异，其他因素（如硬件、软件环境）可能掩盖算法本质上的差异。

因此，一般很少采用事后分析法对算法进行分析，除非是一些响应速度要求特别高的自动控制算法或非常复杂不易分析的算法。

2）事前分析估算法

事前分析估算法也称预先计算估计法，是指在算法设计时，事前评价其时间效率问题。最常用的是近似估计法：时间复杂度估算。

3. 时间复杂度

一个算法所耗费的时间应该是该算法中每条语句的执行时间之和，而每条语句的执行时间是该语句的执行次数与该语句执行一次所需时间的乘积。即

$$算法的执行时间 = \left(\sum 原操作的执行次数 \right) \times 原操作的执行时间$$

显然，算法的执行时间与原操作的执行次数之和成正比。由于原操作的执行时间相关因素太多了，在前面"和算法执行时间相关的因素"中已经给出。按照数学研究问题的思想，就将原操作的执行时间看作单位时间1。

语句的频度（也称频度）是指该语句重复执行的次数。

因此有：

$$算法的执行时间 = \sum 频度$$

例如：

```
for(j=1;j<=n;j++)
    for(k=1;k<=n;k++)
        ++x;
```

该算法段中：

语句"++x;j<=n;j++;"的频度是 n^2；

语句"j=1;"的频度是 1；

语句"k=1;k<=n;k++"的频度是 n；

算法的执行时间为 $3n^2+3n+1$。

一般情况下，算法的时间效率是问题规模 n 的函数，可记作：

$$T(n)=O(f(n))$$

其中，n 表示问题的规模，即算法处理的数据量。这里表示随着问题规模 n 的增长，算法执行时间的增长率和 $f(n)$ 的增长率相同，称 $T(n)$ 为算法的渐近时间复杂度（Asymptotic Time Complexity），简称时间复杂度。O 是数学符号，表示数量级，读作阶。

上面例子的时间复杂度为 $T(n)=O(n^2)$。

通常，算法时间复杂度有以下几种数量级的形式（n 为问题的规模，c 为一常量）：

$O(1)$ 称为常数级（阶）、$O(\log n)$ 称为对数级、$O(n)$ 称为线性级、$O(n^c)$ 称为多项式级、$O(c^n)$ 称为指数级、$O(n!)$ 称为阶乘级等。

为了进一步简化时间复杂度的表示，还有以下 3 种时间复杂度评价指标。

- 最坏时间复杂度：指在最坏情况下执行一个算法所花费的时间。
- 最好时间复杂度：指在最好情况下执行一个算法所花费的时间。
- 平均时间复杂度：指在平均情况下执行一个算法所花费的时间。

1.4.3　算法的空间复杂度

一个算法的存储量通常包括：

（1）输入数据所占空间；

（2）算法本身所占空间；

（3）辅助变量所占空间。

其中，输入数据所占空间只取决于问题本身，与算法无关。算法本身所占空间与算法有关，但一般其大小相对固定。因此，研究算法的空间效率，只需要分析除输入和算法本身之外的辅助空间。若所需辅助空间相对于输入数据量来说是常数，则称此算法为原地工作，否则，它应当是问题规模的一个函数。

算法的空间复杂度是指算法在执行过程中所占辅助存储空间的大小，用 $S(n)$ 表示。与算法的时间复杂度相同，算法的空间复杂度 $S(n)$ 也可表示为：

$$S(n)=O(g(n))$$

上式表示随着问题规模 n 的增大，算法运行所需存储量的增长率与 $g(n)$ 的增长率相同。

1.5　算法的优化

从理论上讲，算法的优化分为全局优化和局部优化两个层次。全局优化也称为结构优化，主要是从基本控制结构优化和算法、数据结构的选择上考虑；局部优化即为代码优化，包括使用尽量小的数据类型，优化表达式、赋值语句、函数参数、全局变量及宏的使用等内容。

1.5.1　全局优化

1. 优化算法设计

通过前面的讲解可以知道，算法是求解问题的关键。因此，在解决实际问题时，选择一个更好的算法至关重要。例如，在排序中用快速排序、合并排序或堆排序代替插入排序或冒泡排序；用较快的二分查找法代替顺序查找法等，都可以极大地提高程序的执行效率。优化算法设计详见第12章的应用实例。

2. 优化数据结构

针对具体问题，通过认真分析后，选择一种合适的数据结构很重要。例如需要使用线性结构，那么选择线性表还是栈或队列，选择顺序存储结构还是链式存储结构？如果在一堆随机存放的数中使用了大量的插入和删除指令，那使用链表要快得多。数组与指针具有十分密切的关系，一般来说，指针比较灵活简洁，而数组则比较直观，容易理解。对于大部分的编译器，使用指针比使用数组生成的代码更短，执行效率更高。

在许多种情况下，可以用指针运算代替数组，这样做常常能产生又快又短的代码，并且运行速度更快，占用空间更少。

3. 优化书写结构

虽然书写格式并不会影响生成的代码质量，但是在实际编写程序时还是建议遵循一定的书写规则，一个书写清晰、明了的程序，可读性好，有利于以后的维护。在书写程序时，特别是对于 while、for、do-while、if-else、switch-case 等语句应采用"缩格"的书写形式书写。一个容易被人读懂的程序同样也容易被编译器读懂。

4. 优化选择结构

（1）嵌套 if 语句的使用。当 if 结构中要判断的并列条件较多时，最好将它们拆分成多个 if 语句结构，然后嵌套在一起，就可以减少不必要的判断。

（2）嵌套 switch 语句的使用。switch 语句中的 case 很多时，为了减少比较次数，可把大 switch 语句转化为嵌套 switch 语句。把频率较高的 case 标号放在一个 switch 语句中，而发生频率较低的 case 标号则放在另一个 switch 语句当中。

（3）为 switch 语句中的 case 排序。switch 通常可以使用跳转表或者比较链转化成多种算法的代码。当 switch 用比较链转化时，编译器会产生 if-else-if 嵌套代码。同时按顺序比较，当结果匹配时，就跳到满足条件的语句执行。因此根据发生的可能性对 case 的值排序，将最有可能的放在第一位就可以使选择过程更合理，从而提高效率。

5. 优化循环结构

提高程序效率的核心是对影响代码执行速度的关键程序段进行优化。在任何程序中,最影响代码速度的往往是循环结构,特别是多层嵌套的循环结构。因此,掌握循环结构优化的各种实用技术是提高程序效率的关键。

常用的循环结构优化技术如下所示。

(1)降阶策略。

通过算法分析可知,算法的时间复杂度主要由循环嵌套的层数确定,因此,算法中如果能够减少循环嵌套的层数,如将双重循环改写成单循环等,则从时间复杂度上可达到降阶的目的。

(2)加速原理。

加速原理是指将循环体内的选择结构去掉,加速循环结构的执行效率。

(3)代码外提。

代码外提是指将循环体中与循环变量无关的运算提出,并将其放到循环之外,以避免每次循环过程中的重复操作。

(4)变换循环控制条件。

当某循环变量在循环体中除自身引用外,已不再控制循环过程时,可以将其从循环中删去。

(5)合并循环。

把两个或两个以上的循环合并放到一个循环里,这样会加快速度。

使用循环虽然简单,但是使用不当,往往可能带来很大的性能影响。原则是将问题充分分解为小的循环,不在循环内做多余的工作(如赋值、常量计算等),避免死循环。还可以考虑将循环改为非循环来提高效率。

1.5.2 局部优化

1. 使用尽量小的数据类型

能够使用字符型(char)定义的变量,就不要使用整型(int)变量来定义;能够使用整型变量定义的变量就不要用长整型(long int),能不使用浮点型(float)变量就不要使用浮点型变量。注意,在定义变量后不要超过变量的作用范围,如果超过变量的范围赋值,C编译器并不报错,但程序运行结果却错了,而且这样的错误很难发现。

2. 优化表达式

若一个表达式中各种运算执行的优先顺序不太明确或容易混淆,应当采用圆括号明确指定优先顺序。通常,一个表达式不能写得太复杂,如果表达式太复杂,时间长了,自己也不容易看懂,不利于以后的维护。

3. 使用自增、自减运算符和复合赋值表达式

通常,使用自增、自减运算符和复合赋值表达式(如 $a-=1$ 及 $a+=1$ 等)都能够生成高质量的程序代码,编译器都能够生成 inc 和 dec 之类的指令,而使用 $a=a+1$ 或 $a=a-1$ 之类的指令,则会让很多C编译器生成二到三字节的指令。

4. 减少运算强度

使用运算量较小（但功能相同）的表达式代替复杂的表达式可以减少运算的强度。例如，平方运算 a＝pow(b,2.0)优化为 a＝b＊b。

对于单片机（有内置硬件乘法器）而言，乘法运算要远远快于平方运算，因为实现浮点数的平方计算必须调用子程序。同时对于三次方，如，a＝pow(b,3.0)改为 a＝b＊b＊b，效率的提高会更加显著。

5. 避免浮点运算

C 语言中的浮点型 float 和双精度浮点型 double 运算比短整型、整型、长整型运算要慢得多，因此避免浮点运算就非常有必要。

6. 优化赋值语句

在代码中，若一个变量经赋值后在后面语句的执行过程中不再引用，则这一赋值语句就称为无用赋值，可以不用。当赋值语句中出现多个已知量的运算时，可以将其合并成一个值，减少程序执行过程中重复计算的工作量。

7. 优化函数参数

在 C 语言中，调用函数的第一步是将参数传递给寄存器或堆栈。当函数的参数很多时，就要调用大量的堆栈空间，开销会很大。当结构作为函数参数传递的内容时，编译器的第一步操作是把整个结构复制到堆栈，这种情况下占用的堆栈空间会非常大。此外，如果结构作为函数返回值，调用程序会保留堆栈空间，把结构地址传递给函数同时调用函数，接着返回函数。最后，调用程序需要清除堆栈空间，并把返回的结构复制到第二个结构当中。这样，代码和堆栈的开销就会非常惊人。因此应禁止传递结构，一般用结构指针作为函数的参数，来避免这种开销。

8. 宏的使用

在程序设计过程中，若将经常使用的常数直接写入程序，那么一旦常数的数值发生变化，就必须逐个找出程序中所有的常数，并逐一修改，这样必然会降低程序的可维护性。因此，应采用预处理命令中的宏定义，而且还可以避免输入错误。

宏定义除了一些大家所熟知的好处外，如可以提高程序的清晰性、可读性，便于修改移植等，还有一个很妙的地方，即利用宏定义来代替函数可以提高程序设计的效率。

1.5.3 算法优化中的注意事项

算法优化不能仅仅停留在局部、细节上来考虑，而是应该将其视为整个软件工程的一个阶段，从整个工程的全局高度来考虑。这个工程除了要求保证效率外，更重要的是保证其安全可靠，可以为以后的工程提供借鉴，即软件的可重用性等方面。这样说，似乎是否定了本书的意义，其实不然。因为优化毕竟是任何软件工程必不可少的一个步骤，所以只要不过分夸大局部的工作，从而忽略其他工作即可。

算法优化中的注意事项如下。

（1）程序的优化以不破坏程序的可读性、可理解性为原则。

软件技术的发展对软件开发的工程化要求日益提高。以现在的标准来衡量，一个好的程序绝不仅仅是执行效率高的程序，像计算斐波那契（Fibonacci）数列时采用计算的方法来交换两个变量值的方法在二十世纪五六十年代也许称得上是一种好的技巧,但在今天,程序的可读性和可维护性要比这类"雕虫小技"更加重要。

(2) 如果将程序的执行效率纳入软件的整个生命周期来考虑,为提高单个程序的效率而花费大量的开发时间往往得不偿失,在下列情况下,程序的优化才有意义。

- 首先保证程序的正确性和健壮性,然后才考虑优化。
- 严重影响效率的程序才值得优化,例如系统反复调用的核心模块。无关大局的模块没有优化的价值。

第 **2** 章　　　　　求　值　法

2.1　算法设计思想

求值法是一种最简单的问题求解方法,也是一种常用的算法设计方法。求值法根据问题中给定的条件,运用基本的顺序、选择和循环控制结构来解决问题。例如求最大数、求平均分等问题,就是求值法的具体应用。

用求值法解决问题,通常可以从如下两方面进行算法设计。

(1) 确定约束条件:即找出问题的约束条件。

(2) 选择控制结构:根据实际问题选择合适的控制结构来解决问题。

用求值法解题的一般过程可分为以下三步。

(1) 输入:根据实际问题输入已知数据。

(2) 计算:这是求解问题的关键。在已知和所求值之间找出关系或规律,简单的问题可以给出计算表达式、方程等,而复杂问题可以用数学模型或数据结构等描述。

(3) 输出:将计算结果打印出来。

2.2　典型例题

2.2.1　求最大值

1. 问题描述

由键盘输入任意三个整数 x、y、z,求三个数中的最大值,并输出。

2. 问题分析

已知三个数 x、y、z,找它们中的最大值,有很多种办法。最容易想到的方法就是将每两个做一次比较,找到最大的值就输出。例如,首先 x 与 y 比较,若 $x \geqslant y$,再进行 x 与 z 比较,若 $x \geqslant z$,则 x 为最大值,输出。同样,可以找出 y 和 z 为最大值的情况。

3. 算法说明

算法说明参见表 2-1。

表　2-1

类　型	名　称	代表的含义
算法	max(int x，int y，int z)	求最大值
形参变量	x，y，z	输入的三个整数
变量	max	存储最大值

4. 算法设计

```
#include "stdio.h"
void max(int x,int y,int z)
{
    if(x>=y)
        {
        if(x>=z)
            printf("最大值是:%d\n",x);
        else
            printf("最大值是:%d\n",z);
        }
    else
        if(y>=z)
            printf("最大值是:%d\n",y);
        else
            printf("最大值是:%d\n",z);
}
main()
{
    int x,y,z;
    printf("请输入三个整数 x,y,z=");
    scanf("%d %d %d",&x,&y,&z);              /*用户输入比较数值 x、y、z*/
    max(x,y,z);
}
```

5. 运行结果

```
请输入三个整数 x,y,z=5 9 6
最大值是: 9
```

6. 算法优化

1）优化说明

前面算法中是用嵌套的 if 语句来找出最大值，其缺点是当嵌套层数较多时容易出错。当然，该例子较简单，但不小心也是会出错的，例如，嵌套的 if 中丢掉"｛ ｝"，或丢掉最后一个 else，也会有人想这个 else 有没有是一样的，其实不然，这就是程序的结构问题，一定要掌握好,正确领会和理解。另一个缺点是重复了多条输出语句,这里完全可以合并为一条输出语句,同时另设一个变量保存最大值,将最大值返回到 main()。

具体做法是:在算法中先定义一个变量 max,把第一个整数 x 的值赋给 max,然后用 max 依次与其他两个整数 y、z 比较,将较大的值赋给 max。最后通过 return 语句返回最大值 max。main() 获取输入的三个整数 x、y、z,调用算法 maximum() 求出最大值,将最大值返回 main() 并输出。

2) 算法说明

算法说明参见表 2-2。

表　2-2

类　型	名　称	代表的含义
算法	maximum(int x, int y, int z)	求最大值
形参变量	x, y, z	输入的三个整数
变量	max	存储最大值

3) 算法设计

```
#include "stdio.h"
int maximum(int x,int y,int z)
{
    int max;
    max=x;                      /* 把第一个数作为最大值 */
    if(max<y) max=y;            /* max 与 y 比较,较大的值赋予 max */
    if(max<z) max=z;            /* max 与 z 比较,较大的值赋予 max */
    return max;                 /* 返回最大值 */
}
main()
{
    int x,y,z;
    printf("请输入三个整数 x,y,z=");
    scanf("%d %d %d",&x,&y,&z);  /* 获取用户输入比较数值 x、y、z */
    printf("最大值是:%d\n",maximum(x,y,z));
}
```

此题还可以结合三目运算符:<表达式 1>? <表达式 2>:<表达式 3>来求解最大值。先求表达式 1 的值,如果为真,则执行表达式 2,并返回表达式 2 的结果;如果表达式 1 的值为假,则执行表达式 3,并返回表达式 3 的结果。嵌套使用三目运算符,求出最大值。算法如下:

```
int maximum(int x,int y,int z)
{
    return (x>y&&x>z)? x:((x<y&&y>z)? y:z);
}
```

2.2.2　求平均分

1. 问题描述

从键盘输入学生的人数和每个学生的成绩，求出学生成绩的平均分。

2. 问题分析

设计求平均分算法 average(int n)。用 for 循环语句实现对成绩录入和求总分，最后用总分除以学生人数即为平均分。main( ) 中输入学生人数，调用 average( ) 函数求出平均分，再将平均分返回 main() 并输出。由于一般情况下平均分需要保留小数点后两位小数，因此输出时采用"％.2f"控制输出格式。

3. 算法说明

算法说明参见表 2-3。

表　2-3

类　型	名　　称	代表的含义
算法	average(int n)	求学生成绩的平均分
形参变量	n	代表学生人数
变量	x	代表每个学生的成绩
变量	s	存储总分

4. 算法设计

```c
#include "stdio.h"
float average(int n)
{
    int i;
    float x,s=0;
    printf("请输入学生成绩:");
    for(i=0;i<n;i++)                    /* 循环输入各分数 */
    {
        scanf("%f",&x);
        s+=x;                          /* 累加求和 */
    }
    return s/n;                        /* 返回平均分 */
}
main()
{
    int n;
    printf("请输入学生人数:");
    scanf("%d",&n);
    printf("平均成绩是: %.2f\n",average(n));
}
```

5. 运行结果

```
请输入学生人数：5
请输入学生成绩：98 93 70.5 87 91
平均成绩是：87.90
```

6. 算法优化

1）优化说明

前面算法中的学生成绩没有保存，如果需要再次使用这组成绩，例如求出高于平均分的学生人数等，则必须再次输入成绩。可以定义一个数组来保存学生成绩，并将该数组和学生人数作为算法 average( ) 的形式参数。这时，将输入和输出均放在 main( )中。

2）算法说明

算法说明参见表 2-4。

表　2-4

类　　型	名　　称	代表的含义
算法	average(float a[ ], int n)	求学生成绩的平均分
形参数组	a	存储学生成绩
形参变量	n	代表学生人数
变量	s	存储总分

3）算法设计

```c
#include"stdio.h"
float average(float a[],int n)
{
    int i;
    float s=0;
    for(i=0;i<n;i++)
        s+=a[i];
    return s/n;
}
main()
{
    int n,i;
    float a[100];
    printf("请输入学生人数:");
    scanf("%d",&n);
    printf("请输入学生成绩:");
    for(i=0;i<n;i++)
        scanf("%f",&a[i]);                    /*输入各分数保存在数组中*/
    printf("平均成绩是:%.2f\n",average(a,n));
}
```

4）运行结果

```
请输入学生人数: 5
请输入学生成绩: 98 93 70.5 87 91
平均成绩是: 87.90
```

2.2.3 判断闰年

1. 问题描述

由键盘输入任意一个年份 year，通过程序判断，输出这个年份是否为闰年。

2. 问题分析

闰年的判定条件是：（1）能被 4 整除，而不能被 100 整除的年份；（2）能被 400 整除的年份。首先定义一个变量 year 代表年份，然后用 if 选择结构进行多次判断。先判断 year 能否被 4 整除，如不能，则 year 必然不是闰年；如果 year 能被 4 整除，还要看 year 能否被 100 整除，如果不能被 100 整除，则肯定是闰年（如 1996）。如果能被 100 整除，并不能判断 year 是否是闰年，还要看能否被 400 整除，如果能被 400 整除，则它是闰年；否则 year 不是闰年。

3. 算法说明

算法说明参见表 2-5。

表 2-5

类　　型	名　　称	代表的含义
算法	leap(int year)	判断 year 是否为闰年
形参变量	year	需要判断的年份
变量	result	用来判断是否为闰年的标志量

4. 算法设计

```c
#include "stdio.h"
int leap(int year)
{
    int result;
    if(year%4==0)
    if(year%100!=0)  result=1;
    else  if(year%400==0)
                result=1;
         else    result=0;
    else  result=0;
    return(result);
}
void main()
{
    int year,result=0;
    printf("请输入年份:\n");
    scanf("%d",&year);
    result=leap(year);
```

```
    if(result==1)
        printf("%d 年是闰年\n",year);
    else
    printf("%d 年不是闰年\n",year);
}
```

5. 运行结果

```
请输入年份：
1966
1966 年不是闰年
```

6. 算法优化

1）优化说明

使用 if 语句直接对整数 year 进行判断，然后返回结果。

2）算法说明

算法说明同上。

3）算法设计

```
int leap(int year)
{
    int result;
    if((year%4==0&&year%100!=0)||year%400==0)
        result=1;
    else
        result=0;
    return(result);
}
```

2.2.4　素数

1. 问题描述

对任意给定的一个正整数，判断其是否为素数，并输出判断结果。

2. 问题分析

（1）素数是指某个大于 1 的自然数，除了 1 和它本身之外，不能被其他自然数整除。

（2）算法 isprime(int m)用于判断形式参数 m 是否为素数。其中使用 for 循环语句，用 2 到 $m-1$ 之间的每一个整数去除 m，若所得到的余数均不为 0，则判定 m 为素数。主函数 main()中输入待判断整数，调用 isprime()进行素数判断，并输出相应判断结果信息。

3. 算法说明

算法说明参见表 2-6。

表　2-6

类　　型	名　　称	代表的含义
算法	isprime(int m)	判断 m 是否为素数
形参变量	m	待判断的整数

4. 算法设计

```c
#include "stdio.h"
int isprime(int m)
{
    int i;
    for(i=2;i<m;i++)                /* 循环变量 i 取值为 2 到 m-1 */
        if(m%i==0)                  /* 对 m 用 i 取余,判断余数是否为 0 */
            return 0;
    return 1;
}
main()
{
    int n;
    printf("请输入一个数:\n");
    scanf("%d", &n);
    if(n<=1)printf("输入错误!\n");
    else{
    if(isprime(n))
        printf("%d 是素数.\n",n);
    else
        printf("%d 不是素数.\n",n);
    }
}
```

5. 运行结果

```
请输入一个数:
11
11 是素数.
```

6. 算法优化

1）优化说明

为提高程序运行的速度,应尽可能减少循环执行的次数。在判断 m 是否为素数时,除数用从 2 到 $m/2$ 之间的每一个整数去判断即可。这样可以减少一半的循环次数。实际上,还可以进一步优化:除数只需要从 2 到给定整数的算术平方根即可。例如,设 $m = 100$,原算法需要循环 98 次（除数从 2 到 99）；优化一:除数从 2 到 50,则需要循环 49 次；优化二:除数从 2 到 10（100 的算术平方根）,则只需要循环 9 次。通过比较,优化显而易见。可以用 sqrt() 库函数求算术平方根,该函数在头文件 math.h 中定义。

2）算法说明

算法说明同上。

3）算法设计

```c
#include "math.h"
int isprime(int m)
```

```
{
    int i;
    for(i=2;i<=sqrt(m);i++)              /*循环变量 i 取值为 2 到 m 的平方根*/
        if(m%i==0)
            return 0;
    return 1;
}
```

2.2.5 孪生数

1. 问题描述

给定搜索范围 m 和 n($1 \leqslant m < n \leqslant 20\,000$,$m$、$n$ 为正整数),试找出指定范围内的孪生数(输出时小数在前,大数在后)。

2. 问题分析

(1) 孪生数(也称为亲密数):如果整数 A 的全部因子(包括 1,不包括 A 本身)之和等于 B,并且整数 B 的全部因子(包括 1,不包括 B 本身)之和等于 A,则称整数 A 和 B 为孪生数(亲密数)。

(2) 首先对范围 $m < i < n$ 内的整数 i 逐个求因子,并求出该整数 i 所有因子之和 s。若 $m < s < n$ 且 $s \neq i$,则把 s 存储在对应下标为 i 的位置 $a[i]$。此时数组 $a[i]$ 中存放的即为整数 i 的因子之和。然后按孪生数的定义,通过循环来比较 i 和以 $a[i]$ 为下标位置存储的数据 $a[a[i]]$ 是否相等,若相等,则 i 和 $a[i]$ 为孪生数。

(3) 求因子的方法是用数 i 对从 1 到 $i-1$ 的所有数取余,看余数是否为 0,如果为 0,则说明该数是 i 的因子。

(4) 因为要保证小数在前、大数在后,且每对孪生数在输出结果时不重复显示,所以若 i 和 $a[i]$ 是一对孪生数,在输出孪生数 i 和 $a[i]$ 后,将以 $a[i]$ 为下标对应的位置存储的因子之和 $a[a[i]]$ 置为 0。

3. 算法说明

算法说明参见表 2-7。

表 2-7

类 型	名 称	代表的含义
算法	istwins(int m,int n)	求孪生数
形参变量	m,n	给定的范围区间
变量	s	存储因子之和
数组	a	存储因子之和的数组

4. 算法设计

```
#include "stdio.h"
void istwins(int m,int n)
{
```

```
    int i,j,s,a[20000];
    for(i=m;i<=n;i++)
        a[i]=0;
    for(i=m;i<=n;i++)                  /*构建数组a[i]存放满足条件的相应i的因子之和*/
    {
        s=0;
        for(j=1;j<i;j++)               /*求i的因子之和s*/
            if(i%j==0)s+=j;
        if(s>=m&&s<=n&&s!=i)           /*判断因子之和s是否在给定范围内*/
            a[i]=s;                    /*s在范围内,则存入数组a[i]*/
    }
    for(i=m;i<=n;i++)
        if(i==a[a[i]])                 /*判断是否为孪生数*/
        {
            printf("%d %d\n",i,a[i]);
            a[a[i]]=0;                 /*为避免重复比较和输出,判定并输出孪生数i
                                         和a[i]后,将a[i]对应的因子之和置0*/
        }
}
main()
{
    int m,n;
    printf("请输入两个数:\n");
    scanf("%d%d",&m,&n);
    istwins(m,n);
}
```

5. 运行结果

```
请输入两个数:
100 300
220 284
```

6. 算法优化

1）优化说明

求 i 的因子之和 s，直接对 s 求因子之和 $s1$，若 $s1$ 等于 i，那就证明 i 和 s 就是一对孪生数。然后用数组来存储已经找到的孪生数 s。每次求解孪生数前，用 i 与孪生数数组中的各值比较，若 i 已存在数组中，说明已找到对应孪生数，不必再次求解，可以直接进行下一次循环。

2）算法说明

算法说明参见表 2-8。

表 2-8

类 型	名 称	代表的含义
算法	istwins(int m,int n)	求孪生数
形参变量	m,n	给定的范围区间

类　　型	名　　称	代表的含义
变量	s	i 的因子之和
变量	s1	s 的因子之和
变量	t	数组 a 的下标,累计 s 的个数
一维数组	a	存储因子之和

3）算法设计

```
void istwins(int m,int n)
{
    int i,j,s,s1,a[100],t=0;
    for(i=m;i<=n;i++)
    {
        for(j=0;j<t;j++)          /*若 i 已存在数组 a 中,表示 i 已找到其孪生数*/
            if(i==a[j])i++;       /*可不用再次求解,直接对下一个待判定目标*/
        s=0;                      /*i+1 进行求解*/
        for(j=1;j<i;j++)
            if(i%j==0)s+=j;       /*求 i 的因子之和 s*/
        if(s>=m&&s<=n&&s!=i)
        {
            s1=0;
            for(j=1;j<s;j++)      /*求 s 的因子之和 s1*/
                if(s%j==0)s1+=j;
            if(i==s1)             /*i 的因子之和等于 s,s 的因子之和等于 i*/
            {
                a[t++]=s;         /*将 s 存入孪生数数组 a 中*/
                printf("%d %d\n",i,s);
            }
        }
    }
    if(t==0) printf("NONE!\n");
}
```

2.2.6　巧排螺旋阵

1. 问题描述

螺旋阵是一种特殊的方阵,任意输入一个整数 n,则按螺旋的方式输出 n 阶螺旋方阵。例如:

当 $n=3$ 时,输出

```
1  8  7
2  9  6
3  4  5
```

当 $n=4$ 时,输出

```
1   12   11   10
2   13   16    9
3   14   15    8
4    5    6    7
```

2. 问题分析

打印出 n 阶螺旋阵的过程主要是使用嵌套的 for 循环语句将变量 k 的值分别存入每圈数组元素中,然后将二维数组正常输出即得到螺旋方阵。

(1) 需要使用循环来一层一层地处理。以 $n=4$ 为例,第一层就是 $1\sim12$,第二层就是 $13\sim16$。

(2) 当 $n=3$ 和 $n=4$ 时,方阵都有两层。当 n 为奇数(如 $n=3$)时,最后一层即为方阵的中心,只有一个数据,下标为:行 $n/2$,列 $n/2$。因此用 i 来控制外层循环,即方阵层数。n 为偶数时,通过 $n/2$ 次循环就完成了方阵的处理。n 为奇数时,最中心的数据通过下标给定数据。

(3) i 层内摆放数据如下(顺序为左、下、右、上,下面以 $n=4$ 为例)。

① i 列(左侧),j 行从 i 行到 $n-2-i$ 行($i=0$ 时,放置 $1,2,3$)。

② $n-1-i$ 行(下方),j 列从 i 列到 $n-2-i$ 列($i=0$ 时,放置 $4,5,6$)。

③ $n-1-i$ 列(右侧),j 行从 $n-1-i$ 行到 $i+1$ 行($i=0$ 时,放置 $7,8,9$)。

④ i 行(上方),j 列从 $n-1-i$ 列到 $i+1$ 列($i=0$ 时,放置 $10,11,12$)。

以上 4 个摆放过程通过 4 个循环来实现。

3. 算法说明

算法说明参见表 2-9。

表 2-9

类　型	名　称	代表的含义
算法	spiralsquare(int n)	巧排螺旋阵
形参变量	n	螺旋阵阶数
二维数组	a	用来存储方阵数据
变量	k	通过自加给数组元素赋值

4. 算法设计

```c
#include "stdio.h"
void spiralsquare(int n)
{
    int i,j,a[100][100],k=1;
    for(i=0;i<n/2;i++)
    {
        for(j=i;j<=n-2-i;j++)        /* 将每圈中左侧列中的数据存入数组中 */
            a[j][i]=k++;
```

```
        for(j=i;j<=n-2-i;j++)              /*将每圈中下方行中的数据存入数组中*/
            a[n-1-i][j]=k++;
        for(j=n-1-i;j>=i+1;j--)            /*将每圈中右侧列中的数据存入数组中*/
            a[j][n-1-i]=k++;
        for(j=n-1-i;j>=i+1;j--)            /*将每圈中上方行中的数据存入数组中*/
            a[i][j]=k++;
    }
    if(n%2==1)                             /*若为奇数阶方阵,最中心的数据通过下标给定*/
    {
        i=n/2;
        a[i][i]=n*n;
    }
    for(i=0;i<n;i++)                       /*输出螺旋方阵,每输出一行进行换行操作*/
    {
        for(j=0;j<n;j++)
            printf("%3d",a[i][j]);
        printf("\n");
    }
}
main()
{
    int n;
    printf("请输入一个数:");
    scanf("%d",&n);
    spiralsquare(n);
}
```

5. 运行结果

```
请输入一个数:4
  1  12  11  10
  2  13  16   9
  3  14  15   8
  4   5   6   7
```

6. 算法优化

1) 优化说明

还可以考虑直接摆放左下角和右上角。这样需要两个循环。下面以 $n=4$ 为例。

(1) 一层左下角:$1,2,3,4,5,6,7$,共 7 个元素。

(2) 一层右上角:$8,9,10,11,12$,共 5 个元素。

(3) 二层左下角:$13,14,15$,共 3 个元素。

(4) 二层右上角:16,共 1 个元素。

这样,便可以引入变量 k,使 $k=n$,然后使用 $2*k-1$ 来控制循环次数。每摆完一角,k 减 1。

在放置元素时,数组的下标变化如下(引入变量 t,初值为 1):处理左下角时,i 向下变大，j 向右变大，t 变成 -1。然后处理右上角，i 向上变小，j 向左变小。

2）算法说明

算法说明参见表 2-10。

表　2-10

类　型	名　称	代表的含义
算法	spiralsquare(int n)	巧排螺旋阵
形参变量	n	螺旋阵阶数
二维数组	a	用来存储方阵数据
变量	s	通过自加给数组元素赋值
变量	i,j	控制数组下标
变量	t	改变处理方向
变量	k	用来控制循环次数

3）算法设计

```
void spiralsquare(int n)
{
    int i=-1,j=0,k=n,a[100][100],r,s=1,t=1;
    while(s<=n*n)
    {
        for(r=0;r<k;r++)                /*将左下方的数据存入数组中*/
        {
            i+=t;
            a[i][j]=s++;
        }
        for(r=k;r<2*k-1;r++)            /*将右上方的数据存入数组中*/
        {
            j+=t;
            a[i][j]=s++;
        }
        k--;
        t=-t;
    }
    for(i=0;i<n;i++)                    /*输出螺旋阵*/
    {
        for(j=0;j<n;j++)
            printf("%3d",a[i][j]);
        printf("\n");
    }
}
```

实际上，这里还可以利用一维数组来构造数组的下标。$b[0]$ 表示数组的行下标，

$b[1]$ 表示数组的列下标。算法如下：

```
void spiralsquare(int n)
{
    int i,j,k=n,a[100][100],b[2]={-1,0},r,s=1,t=1;
    while(s<=n*n)
    {
        for(r=0;r<2*k-1;r++)
        {
            b[r/k]=b[r/k]+t;
            a[b[0]][b[1]]=s++;
        }
        k--;
        t=-t;
    }
    for(i=0;i<n;i++)
    {
        for(j=0;j<n;j++)
            printf("%3d",a[i][j]);
        printf("\n");
    }
}
```

2.2.7　计算器

1. 问题描述

假设有两个整数 a、b，和一个运算符号 c（如'+'，'-'，'/'，'*'，'%'），计算 acb 的值，注意：除法保留两位小数。

2. 问题分析

已知两个整数和一个运算符，只需要判断输入的运算符 c 是哪种符号即可。

这里有三个未知数，分别是两个整数 a、b，和一个运算符 c。因为运算符 c 共有 5 种可能，所以需要把每一种情况都列举出来，然后分别处理得出结果，例如，如果 c 是'+'，即输出 $a+b$ 的值，需要注意的是，除法保留两位小数需要预先将 a 或 b 的值乘 1.0，否则会自动取整。

3. 算法说明

算法说明参见表 2-11。

表　2-11

类　　型	名　　称	代表的含义
算法	Calculator(int a，char c，int b)	求 acb 的值
形参变量	a，c，b	输入的两个整数和一个字符
变量	Calculator	存储 acb 的值

4. 算法设计

```c
#include <stdio.h>
void Calculator(int a, char c, int b)
{
    if (c == '+')
    {
        printf("%d%c%d=%d", a, c, b, a + b);
    }
    else if (c == '-')
    {
        printf("%d%c%d=%d", a, c, b, a - b);
    }
    else if (c == '*')
    {
        printf("%d%c%d=%d", a, c, b, a * b);
    }
    else if (c == '/')
    {
        printf("%d%c%d=%.2lf", a, c, b, a * 1.0 / b);
    }
    else if (c == '%')
    {
        printf("%d%c%d=%d", a, c, b, a % b);
    }
}
int main()
{
    int a, b;
    char c;
    printf("请输入需要计算的算式:");
    scanf("%d%c%d", &a, &c, &b);
    Calculator(a, c, b);
    return 0;
}
```

5. 运行结果

```
请输入需要计算的算式:3/2
3/2=1.50
```

6. 算法优化

1）优化说明

前面的算法使用 if 语句来判断运算符，因为运算符 c 的种类是固定且已知的，所以还可以用 switch 语句，使代码更加简洁。

2）算法说明

算法说明参见表 2-12。

表　2-12

类　　型	名　　称	代表的含义
算法	func(int a，int b，char c)	求 acb 的值
形参变量	a	第一个整数
形参变量	c	运算符
形参变量	b	第二个整数

3）算法设计

```c
#include <stdio.h>
void func(int a, int b, char c)
{
switch (c)
{
    case '+':
        printf("%d", a +b);
        break;
    case '-':
        printf("%d", a -b);
        break;
    case '*':
        printf("%d", a * b);
        break;
    case '/':
        printf("%.2lf", a * 1.0 / b);
        break;
    case '%':
        printf("%d", a %b);
        break;
    }
}


int main()
{
    int a, b;
    char c;
    printf("请输入需要计算的算式:");
    scanf("%d%c%d", &a, &c, &b);
    func(a, b, c);
```

```
    return 0;
}
```

2.3 小   结

本章讲解了如何利用求值法来解决实际问题，并且列出了一些经典的问题来分析和设计算法。重点要理解求值法的设计思想，并能够运用它解决具体问题。

求值法是一种最简单的问题求解方法，也是一种常用的算法设计方法。在求值法的算法设计中，主要运用 3 种基本控制结构（顺序、选择和循环）来实现，同时还需要利用好问题的约束条件，并充分使用数组、表达式和标志变量等来解决问题。

习   题

2-1 假设有三个数 a、b、c，要求按从大到小的顺序输出这三个数。

2-2 给定 n 个数，求这些数中的最大数。

2-3 求 $1+2+3+\cdots+100$ 的值。

2-4 判断一个数 n 能否同时被 3 和 5 整除。

2-5 输出 100 至 200 之间的素数。

2-6 求两个数 m 和 n 的最大公约数。

2-7 将给定的一个 4×4 的二维数组转置，即行列互换。

2-8 输出 50 个学生中成绩高于 80 分者的学号和成绩。

2-9 输出年份 1990—2500 中的所有闰年。

2-10 求 $1-1/2+1/3-1/4+\cdots+1/99-1/100$ 的值。

2-11 输入三角形的三边长，试求三角形的面积。

2-12 求方程 $ax^2+bx+c=0$ 的根。a、b、c 由键盘输入（要求 $b^2-4ac>0$）。

2-13 输出成绩等级"优秀""良好""中等""及格""不及格"。其中，90 分以上（含 90 分）为"优秀"，80～89 分为"良好"，70～79 分为"中等"，60～69 分为"及格"，60 分以下（不含 60 分）为"不及格"。

2-14 给定一个正整数，求它的位数并分别输出每一位数字。

2-15 输出所有的"水仙花数"（"水仙花数"是指一个三位数，其各位数字的立方和等于它本身）。

2-16 求 $1!+2!+3!+\cdots+20!$ 的值。

2-17 求斐波那契数列前 n 个数。斐波那契数列的特点：第一个和第二个数都为 1，从第三个数开始，每个数都等于其前两个数的和。

2-18 输出 200 以内不能被 3 整除的数。

2-19 班级有 20 名小学生，已知语文、数学、英语的成绩，求班级各科的平均分。

2-20 输出 100 以内的所有素数，并且 5 个一行。

2-21　输出 1000 至 10 000 之内的可逆素数。

2-22　两个数之差为 2 的素数,称为孪生素数。试输出 5 组孪生素数。

2-23　试输出 1000 至 10 000 之内的对称数,并输出对称数的个数。

2-24　输入 10 个学生 5 门课的成绩,计算每个学生的平均分、每门课的平均分并找出各门课分数最高的学生。

2-25　输入一行字符,统计其中数字、空格、小写字母、大写字母以及其他符号的个数。

2-26　任意给定 n 值,按如下螺旋的方式输出方阵:

$n=3$ 时,输出:

$$
\begin{matrix}
1 & 2 & 3 \\
8 & 9 & 4 \\
7 & 6 & 5
\end{matrix}
$$

当 $n=4$ 时,输出:

$$
\begin{matrix}
1 & 2 & 3 & 4 \\
12 & 13 & 14 & 5 \\
11 & 16 & 15 & 6 \\
10 & 9 & 8 & 7
\end{matrix}
$$

2-27　输出"魔方阵"(魔方阵是它的每一行、每一列和对角线之和均相等的方阵)如三阶魔方阵为:

$$
\begin{matrix}
8 & 1 & 6 \\
3 & 5 & 7 \\
4 & 9 & 2
\end{matrix}
$$

2-28　打印输出有规律的"$n \times n$ 方阵":其对角线上的元素都为 0,上方的元素为 1,左边的元素为 2,下方的元素为 3,右边的元素为 4。如:

$$
\begin{matrix}
0 & 1 & 1 & 1 & 0 \\
2 & 0 & 1 & 0 & 4 \\
2 & 2 & 0 & 4 & 4 \\
2 & 0 & 3 & 0 & 4 \\
0 & 3 & 3 & 3 & 0
\end{matrix}
$$

2-29　在一个序列 $A_1, A_2, \cdots, A_n$ 中,找出两个数 $i, j (1 \leqslant i \leqslant j \leqslant n)$,使得 $A_j - A_i$ 最大。若给出这个序列,请找出 $A_j - A_i$ 的最大值。

第 3 章　累　加　法

3.1　算法设计思想

累加是程序设计中最常遇见的问题,例如求某班级学生考试的总平均分;求某单位支出的总薪资等。累加是指在一个值的基础上重复加上其他值,典型的应用有求和、计数(统计出现的次数)等。

累加法的一般格式为 $S=S+T$,其中,变量 S 是累加器,一般初值取 0;T 为每次的累加项,通过累加项 T 的不断变化,将所有的 T 值都累加到累加器 S 中。

注意:格式中的两个 S 是不同的。"="后面的 S 代表的是原来的值,而"="前面的 S 是 S 的原来值与累加项 T 的和。也就是说,S 保存累加过程中的中间结果和最后结果;通常,累加项 T 的变化是有规律的,在设计算法时就是要找到其变化规律。

累加法一般由循环结构来实现,在设计循环算法时,需要确定以下 3 方面的内容。

(1) 循环控制变量的初值、终值和步长。

(2) 循环体的内容(一般包括语句:$S=S+T$;)。

(3) 循环结束条件(一般与 T 有关)。

3.2　典型例题

3.2.1　自然数求和

1. 问题描述

求 $1+2+3+\cdots+n$ 并输出结果。

2. 问题分析

这是对自然数进行累加的问题,需要重复进行 n 次(或 $n-1$ 次)加法运算,显然可以用循环结构来实现。重复执行循环体 n 次(或 $n-1$ 次),每次加一个数;可以看出每次相加的数是上一次的数加 1。使用一个变量 s 作为累加器,用于记录累加的中间结果和最终结果,初始值为 0;使用一个

变量 t 作为循环控制变量，t 初始值为 1；将 t 与 s 相加，结果保存到 s 中，然后 t 增加 1，再与 s 相加，不断重复，直到 t 的值超过 n 为止，结束循环。最后 s 保存的即为最终的累加和。

3. 算法说明

算法说明参见表 3-1。

表 3-1

类 型	名 称	代表的含义
算法	add(int n)	求自然数的累加和
形参变量	n	自然数，进行累加的最大数
变量	s	累加器（和），存放累加结果
变量	t	循环控制变量

4. 算法设计

```
#include "stdio.h"
int add(int n)
{
    int s=0;
    int t;                      /* 用于保存逐步增加自然数的变量 t 赋初值为 1 */
    for(t=1;t<=n;t++)           /* t 从 1 到 n 执行循环体语句实现求和 */
    {
        s=s+t;
    }
    return s;                   /* 返回 1 到 n 的自然数之和 */
}
void main()
{
    int s=0;                    /* 用于保存累加结果，初始值为 0 */
    int n;                      /* 用来存储用户输入的最大加数 */
    printf("input a number:\n");
    scanf("%d",&n);             /* 获取最大加数，保存到变量 n 中 */
    s=add(n);
    printf("1 到 %d 的和为:%d\n",n,s);
}
```

5. 运行结果

```
input a number:
100
1到100的和为:5050
```

6. 算法优化

1）优化说明

利用数学知识进行算法优化。通过对自然数累加的分析可以看出，每次相加的数比上一次的数大 1，即各项加数形成一个差为 1 的等差数列。根据等差数列求和公式：（首项＋末项)×项数/2,可得自然数的累加和。

2) 算法说明

算法说明参见表 3-2。

表 3-2

类　型	名　称	代表的含义
算法	add(int n)	求自然数的累加和
形参变量	n	自然数,进行累加的最大数
变量	s	累加器(和),存放累加结果

3) 算法设计

```
#include "stdio.h"
int add(int n)
{
    int s;
    s=(1+n) * n/2;              /＊利用数学公式(首项+末项)×项数/2 来替代 for 循环＊/
    return s;
}
```

3.2.2　自然数倒数求和

1. 问题描述

求 $1/1+1/2+1/3+\cdots+1/n$,要求累加项精确到 10^{-6},并输出结果。

2. 问题分析

求解本问题可使用 do-while 循环,循环体中实现累加求和。加数 t 为 $1/n$,n 的值从 1 开始,每次循环 n 的值增加 1,并在每次求和后判定循环条件。根据题意,要求精度到 10^{-6},则循环终止条件为 $1/n<10^{-6}$。

3. 算法说明

算法说明参见表 3-3。

表 3-3

类　型	名　称	代表的含义
算法	fun()	求自然数倒数之和
变量	s	累加器(和),存放累加结果
变量	t	累加项
变量	n	循环控制变量

4. 算法设计

```
#include "stdio.h"
double fun()
```

```
{
    double s=0,t;
    int n=1;
    do
    {
        t=1.0/n;
        s=s+t;
        n++;
    }while(t>=0.000001);                    /* t 的值大于精确度时执行循环体 */
    return s;
}
void main()
{
    double s=0;
    s=fun();
    printf(" 1/1+1/2+1/3+…+1/n=%f\n",s);
}
```

5. 运行结果

```
1/1+1/2+1/3+…+1/n=14.392728
```

6. 算法优化

优化说明：

（1）题中要求累加项精确到 10^{-6}，可以直接将它表示成小数形式 0.000 001，但其中 0 比较多时，容易出错；这时建议用指数形式表示为 1e−6。

（2）算法中"t=1.0/n;"不能写成"t=1/n;"，这是因为 C 语言有整除和实除之分。

（3）算法中"t=1.0/n;n++;"可简写为"t=1.0/(n++);"，在 C 语言中，"++i;"是使用 i 之前，先使 i 的值加 1。"i++;"在使用 i 之后，对 i 的值加 1，因此等价。

3.2.3 统计及格人数

1. 问题描述

一次考试共考了语文、代数和外语三科。某小组共有 9 人，考后各科及格人数名单如表 3-4 所示，请编写算法找出三科全及格的学生的学号，并统计全部及格的人数。

表　3-4

科目	及格学生的学号	科目	及格学生的学号
语文	1,9,6,8,4,3,7	外语	8,1,6,7,3,5,4,9
代数	5,2,9,1,3,7		

2. 问题分析

从语文名单中逐一抽出及格学生学号，先在代数名单中查找，若有该学号，说明代数也及格了,再在外语名单中继续查找,看该学号学生是否外语也及格了,若仍在,说明该学号学生三科全及格,否则至少有一科不及格。语文名单中没有的学号,不可能三科全及格,因此,语文名单处理完算法就可以结束了。

3. 算法说明

算法说明参见表 3-5。

表　3-5

类　　型	名　　称	代表的含义
算法	check()	判断三门课程是否都及格
数组	a、b、c	分别存储语文、代数、外语及格的学号
变量	count	统计三门都及格的人数
变量	flag	标志变量

4. 算法设计

```c
#include "stdio.h"
int  a[7],b[6],c[8],count=0;
int check()
{
    int i,j,k,temp;
    for(i=0;i<7;i++)
    {
        temp=a[i];
        for(j=0;j<6;j++)
            if(temp==b[j])
        for(k=0;k<8;k++)
            if(temp==c[k])
                {
                    count++;
                    printf("%-4d",temp);
                    break;
                }
    }
    printf("\n");
    return count;
}
int main()
{
    int i;
    printf("请输入语文及格的学号:");
    for(i=0;i<7;i++)
        scanf("%d",&a[i]);
```

```
        printf("请输入代数及格的学号:");
        for(i=0;i<6;i++)
            scanf("%d",&b[i]);
        printf("请输入外语及格的学号");
        for(i=0;i<8;i++)
            scanf("%d",&c[i]);
            check();
        if(count==0)
            printf("no.\n");
        else
            printf("全部及格的人数为:%d\n",count);
}
```

5. 运行结果

```
请输入语文及格的学号:1 9 6 8 4 3 7
请输入代数及格的学号:5 2 9 1 3 7
请输入外语及格的学号:8 1 6 7 3 5 4 9
1    9      3      7
全部及格的人数为:4人
```

6. 算法优化

1) 优化说明

本题统计三科及格学生名单，因为有 9 名学生，可以开辟 9 个元素的数组 a[]，作为各学号考生及格科目的计数器。将三科及格名单通过键盘输入，无须用数组存储，只要同时用数组 a 累加对应学号的及格科目个数即可。最后，凡计数器的值等于 3，就是全及格的学生，否则，至少有一科不及格。

2) 算法说明

算法说明参见表 3-6。

表 3-6

类 型	名 称	代表的含义
算法	check()	判断三门课程是否都及格
数组	a[10]	下标为学号，元素值为该考生及格科目的计数器
变量	count	统计三门都及格的人数
变量	flag	标志变量

3) 算法设计

```
#include "stdio.h"
int count=0,xh, a[10]={ 0 };
int check()
{
    for(xh=1;xh<=9;xh++)
```

```
        if(a[xh]==3)
        {
            count++;
            printf("%-4d",xh);
        }
    printf("\n");
    return count;
}
int main()
{
    int i;
    printf("请依次输入及格的学号:");
    for(i=1;i<=21;i++)
    {
        scanf("%d",&xh);
        a[xh]++;
    }
    check();
    if(count==0)
        printf("no.\n");
    else
        printf("及格人数为:%d 人\n",count);
}
```

3.2.4　计算 π 值

1. 问题描述

利用公式 $\pi/4=1-1/3+1/5-1/7+\cdots$ 计算 π 的近似值,要求项的绝对值小于 10^{-6},输出结果保留 6 位小数。

2. 问题分析

根据已知公式,关键是求出多项式的值。经过观察发现多项式的各项是有规律的:一是各项符号先正后负依次交替;二是每项的分子都是 1;三是后一项的分母是前一项分母加 2。

找到这些规律就可以用累加法设计算法了。首先设置一个符号变量 sign,用来标记各项的符号,使用“sign=-sign;”语句进行符号交替变换;其次使用一个循环变量 i 表示分母,i 的初值为 1,其变化规律是语句“i=i+2;”,因此通项即可表示为 t=sign * 1.0/i。再次设累加器变量 pi,用来表示 π 值,计算方法是语句“pi=pi+t;”,最后循环的终止条件是“fabs(t)<1e-6”,最后求得 π 值为 pi * =4。

注意:fabs(x)是求实数 x 绝对值的库函数,使用时要包含“math.h”头文件。

3. 算法说明

算法说明参见表 3-7。

表 3-7

类　　型	名　　称	代表的含义
算法	fun()	求 π 的近似值
变量	pi	累加器，保存 π 值
变量	i	循环变量，保存每项的分母
变量	sign	标记符号，用来记录多项式的符号
变量	t	表示多项式的项

4. 算法设计

```c
#include "stdio.h"
#include "math.h"
double fun()
{
    long i;
    int sign=1;
    double pi=0,t=1;
    i=1;
    do
    {
        pi=pi+t;
        i+=2;
        sign=-sign;                    /* 用来记录加数的符号 */
        t=sign*1.0/i;
    }while(fabs(t)>=1e-6);             /* 判断终止条件 */
    pi*=4;
    return  pi;
}
void main()
{
    double pi;
    pi=fun();
    printf("π=%.6f\n",pi);            /* 结果保留 6 位小数 */
}
```

5. 运行结果

π=3.141591

3.2.5　数位求和

1. 问题描述

给定一个 int 类型的整数 n，求这个整数的各位数之和。例如：123 表示计算 $1+2+3$ 的值，这个整数的各位数之和就是 6。

2. 问题分析

要想得到整数的各位数,可以利用数组将整数的各位数存入数组中,最后再遍历数组求和。

接下来的关键是如何获得这个整数的各位数。

假如这个整数是 $10^2 \times a + 10 \times b + c$,它的各位数就是 a,b,c,我们只需要将 $10^2 \times a + 10 \times b + c$ 模除 10 就可以得到 c,并且 $10^2 \times a + 10 \times b + c$ 变为新的整数 $10 \times a + b$,我们再将 $10 \times a + b$ 模除 10 就可以得到 b,并且 $10 \times a + b$ 变为新的整数 a,即得到整数 $10^2 \times a + 10 \times b + c$ 的各位数 a,b,c。

3. 算法说明

算法说明参见表 3-8。

表　3-8

类　　型	名　　称	代表的含义
算法	getNum(int m)	求数位之和
形参变量	m	输入的 int 类型的数
变量	len	int 类型数的长度
变量	sum	各位数之和
一维数组	num	存储 int 类型数的各位

4. 算法设计

```c
int getNum(int m)
{
    int len = 0, num[20], i, sum = 0;
    while (m)
    {
        num[len] = m % 10;          /* 存储 m 的最后一位 */
        len++;
        m /= 10;                    /* 除 10,最后一位进行更新 */
    }
    for (i = 0; i < len; i++)
    {
        sum += num[i];              /* 利用 sum 进行累加求和 */
    }
    return sum;
}
int main()
{
    int n;
    scanf("%d", &n);
    printf("%d", getNum(n));
```

```
        return 0;
    }
```

5. 运行结果

```
123456
21
```

6. 算法优化

1）优化说明

根据题意，只需要得到 int 类型的数的各位数之和就可以，前一个算法利用数组进行求和，结果虽然正确，但是算法效率低。在此可以不设置数组存储整数的各位数，直接利用 sum 对取出来的数字进行累加求和。

2）算法说明

算法说明参见表 3-9。

表 3-9

类 型	名 称	代表的含义
算法	getNum(int m)	求数位之和
形参变量	m	输入的 int 类型的数
变量	n	输入的 int 类型的数
变量	sum	各位数之和

3）算法设计

```c
#include "stdio.h"
int getNum(int m)
{
    int sum = 0;
    while (m)
    {
        sum += m % 10;          /* 对 sum 进行累加求和 */
        m /= 10;
    }
    return sum;
}
int main()
{
    int n;
    scanf("%d", &n);
    printf("%d", getNum(n));
```

```
        return 0;
    }
```

3.2.6　小鱼游泳问题

1. 问题描述

有一条小鱼,它平日每天游泳 250 千米,周末休息(实行双休日),假设从周 n 开始算起,过了 k 天以后,小鱼一共累计游泳了多少千米呢?

2. 问题分析

本题表明除了周末每天游泳 250 千米,那么问题的关键在于判断周末,假设小鱼从周 n 开始,一共游泳 k 天,用 i 控制循环次数,每游一天 n 就加上 1,累加器 s 加上 250,当 $n=6$ 或者 $n=7$,就证明是周末,只需改变 n。

3. 算法说明

算法说明参见表 3-10。

表　3-10

类　　型	名　　称	代表的含义
算法	fun(int n,int k)	求解小鱼游泳问题
形参变量	n	周几开始游
形参变量	k	游几天
变量	s	累加器(和),存放累加结果

4. 算法设计

```c
#include<stdio.h>
int fun(int n,int k)
{
    int s =0;                      /* 游了 s 千米 */
    for (int i =1; i <=k; i++)     /* 要游 k 天 */
    {
        if (n ! =6 && n ! =7)      /* 如果不是周末,加 250 */
            s +=250;
        if (n ==7)
            n =1;                  /* 如果是周日,n 赋值 1 */
        else
            n++;                   /* 否则 n++ */
    }
    return s;
}
int main()
{
```

```
    int n, k;                      /* 周 n 开始游,过了 k 天 */
    scanf("%d%d", &n, &k);
    printf("游了%d 千米", fun(n,k));   /* 输出游的千米数 */
    return 0;
}
```

5. 运行结果

```
3 10
游了2000千米
```

6. 算法优化

1）优化说明

不难想到,当游到周六（即 $n=6$）和周日（即 $n=7$）时,小鱼游的千米数（累加器 s）没有变化,因此可以通过适当的改变,跳过周日的情况。

2）算法说明

算法说明同上。

3）算法设计

```
#include<stdio.h>
int fun(int n,int k)
{
    int s =0;                      /* 游了 s 千米 */
    for (int i =1; i <=k; i++)      /* 要游 k 天 */
    {
        if (n !=6 && n !=7)         /* 如果不是周末,加 250 */
            s +=250;
        if (n ==6)                  /* 如果是周六 */
        {
            n =1;                   /* 跳过周日到周一 */
            i++;                    /* 在 for 循环 i++的基础上再 i++,跳过周日 */
        }

        else
            n++;                    /* 否则 n++ */
    }
    return s;

}
int main()
{
    int n, k;                      /* 周 n 开始游,过了 k 天 */
    scanf("%d%d", &n, &k);
```

```
        printf("游了%d千米", fun(n,k));        /*输出游的千米数*/
        return 0;
    }
```

3.2.7　判断天数

1. 问题描述

输入一个年月日,格式如 2013/5/15,判断这一天是这一年的第几天。

2. 问题分析

首先对输入的年份进行判断,是闰年还是平年,闰年二月是 29 天,平年二月是 28 天。其次对输入的月份进行判断,假如输入的是 5 月,则把 1、2、3、4 四个月份的天数加在一起,最后再加上日(几号)的值,则可得到这个日期是该年的第几天。

3. 算法说明

算法说明参见表 3-11。

表　3-11

类　型	名　称	代表的含义
算法	day(int y,int m,int d)	判断天数
形参变量	y,m,d	年、月、日
变量	sum	统计天数

4. 算法设计

```c
#include "stdio.h"
int day(int y,int m,int d)
{
    int sum=0;
    switch(m-1)
    {
        case 11:sum+=30;
        case 10:sum+=31;
        case 9:sum+=30;
        case 8:sum+=31;
        case 7:sum+=31;
        case 6:sum+=30;
        case 5:sum+=31;
        case 4:sum+=30;
        case 3:sum+=31;
        case 2:sum+=28;
        case 1:sum+=31;
    }
```

```
    if(m>2)
        if((y%4==0&&y%100!=0)||(y%400==0))
        sum++;
    sum+=d;
    return(sum);
}
main()
{
    int y,m,d;
    printf(" Input date:(eg. 2013/5/5): ");
    scanf("%d/%d/%d",&y,&m,&d);
    printf(" day=%d\n",day(y,m,d));
}
```

5. 运行结果

```
Input date:(eg. 2013/5/5): 2013/5/5
 day=125
```

6. 算法优化

1）优化说明

首先将每个月份的天数保存到数组 *a* 中。对输入的月份进行判断，假如输入的是 5 月，则把 1、2、3、4 四个月份的天数加在一起，然后对输入的年份进行判断，若闰年二月是 29 天，则天数增加 1。最后再加上日（几号）的值，就可得到这个日期是该年的第几天。

2）算法说明

算法说明参见表 3-12。

表 3-12

类 型	名 称	代表的含义
算法	day(int y,int m,int d)	判断天数
形参变量	y,m,d	年、月、日
一维数组	a	存储每月的天数
变量	sum	统计天数

3）算法设计

```
#include "stdio.h"
int day(int y,int m,int d)
{
    int a[12]={31,28,31,30,31,30,31,31,30,31,30,31};
    int i,sum=0;
    for(i=0;i<m-1;i++)
```

```
        sum=sum+a[i];
    if(m>2)
        if((y%4==0&&y%100!=0)||(y%400==0))
            sum++;
    sum=sum+d;
    return(sum);
}
```

3.3　小　　结

本章讲解了算法设计方法中的累加法,并结合一些具体的问题来分析和设计算法。重点要理解累加法的设计思想,并能够运用它解决实际问题。

累加法的基本思想是:首先设置累加器 S,根据情况将初值赋 0 或一个特定值;其次定义一个变量 T 存放累加项,针对具体问题找出 T 的变化规律;最后,在循环体中执行 $S=S+T$,直到满足循环结束条件为止。

如果循环次数确定,那么累加法设计的一般过程如下(假设累加次数为 n 次):

```
/*其他语句*/
S=0;
for(i=1; i<=n; i++)
{
    计算累加项 T 的值
    S=S+T;
}
```

如果循环次数不确定,则累加法设计的一般过程如下:

```
/*其他语句*/
S=0;
do
{
    计算累加项 T 的值
    S=S+T;
}
while(循环结束条件);
```

习　　题

3-1　求 $1-2+3-4+5-6+\cdots+99-100$。

3-2　求 $1-1/2+1/3-1/4+\cdots-1/100$。

3-3　求 100 以内所有素数的和。

3-4 求 100 以内所有奇数的和。即 $1+3+5+\cdots+99$。

3-5 编程计算$(1+2)+(2+3)+(3+4)+\cdots+(20+21)+(21+22)$的值。

3-6 编写一个程序，计算半径分别为 0.5mm、1.5mm、2.5mm、3.5mm、4.5mm、5.5mm 时圆的面积。

3-7 求数列 $9,99,999\cdots$前 n 项的和。

3-8 计算$(1+2)+(2+3)+(3+4)+\cdots+(n+(n+1))$的值。

3-9 输入一个数 n，求 $1+2+3+\cdots+n+(n-1)+(n-2)+\cdots3+2+1$。例如：输入 5 时，要求输出 $1+2+3+4+5+4+3+2+1$ 的值。

3-10 编程计算 $1!+2!+3!+\cdots+10!$的值。

3-11 编写程序，求下面数列的表达式前 40 项的和（结果取 4 位小数）：$1,(1/2)^4,(1/3)^4,\cdots,(1/n)^4$（其中，^表示幂运算）。

3-12 求下面图形中直到第几行为止，所有的 * 数目和为 5 151。

```
        *
      *   *
    *   *   *
  *   *   *   *
    ⋮
```

3-13 编程计算 $a+aa+aaa+\cdots+aa\cdots a$（$n$ 个 a）的值，n 和 a 的值由键盘输入。

3-14 求 1 000 以内所有的完全数的和（完全数是指一个数除其本身外的因子之和等于该数。例如，$28=1+2+4+7+14$，因此 28 为完全数）。

3-15 求 100 以内所有同时能被 3 和 5 整除的数的和。

3-16 小猴摘桃子，第一天摘一个，以后每天摘的桃子数均是前一天的 2 倍多一个，求第 10 天小猴子一共摘了多少个桃子。

3-17 找出 100 到 500 以内所有同时能被 3、5、7 整除的正整数，并用 N 记录有多少个。

3-18 计算 $S=1+2+3+4+\cdots+n$ 在累加的过程中，求当 S 的值首次大于 3 000 时的 n 值是多少。

3-19 求数列 $1,10,100,1\,000,\cdots$前 n 项的和，n 由键盘输入。

3-20 已知一个数列为 $1,2,4,7,11,16,22,\cdots$，则数列的第 n 项为多少？（提示：$a2-a1=1$，$a3-a2=2$，$a4-a3=3$，$\cdots$）。

3-21 输入 n 个百分制成绩，计算并输出平均成绩。要求输出结果精确到两位小数。

3-22 输入若干非 0 实数，以 0 为终止条件，统计其中正数的个数、负数的个数。

3-23 输入一行字符，统计其中的英文字母个数。提示：输入到字符'\n'时停止输入。

3-24 要求用户输入一个大于 1 的数，然后计算从 1 到这个数的累加和。

3-25 求 4 到 200 之间（包括 4 和 200）偶数的累加和，并求这些偶数的平均值。

3-26 请编写函数 fun，函数的功能是：根据以下公式计算 s，计算结果作为函数值返回，n 通过形参传入。$s=1+1/(1+2)+1/(1+2+3)+\cdots+1/(1+2+3+\cdots+n)$。

3-27 把 10 个整数存入一维数组中，求这 10 个整数的和、最大值、最小值。

3-28 键盘输入一行字符（以回车符表示结束），将其中每个数字字符所代表的数值累加起来,输出结果。如输入 abc235,答案输出为 10。

3-29　求 e 的值,根据输入的 n 值,求前 n 项之和。$e = 1 + 1/1! + 1/2! + 1/3! + \cdots + 1/n!$。

3-30　在唱歌等大奖赛评分时,一般要有若干名评委,记分规则是:去掉一个最高分和一个最低分,再算平均分。设按百分制记分,请设计一个算分的程序(提示:算法的基本思路为①输入评委人数 N;②逐一输入每个评委的打分,同时累加求和 sum,并记录下最高分 max 和最低分 min)。

第4章 累乘法

4.1 算法设计思想

所谓累乘法是指多次按照相同累乘规则(累乘式)进行累乘的算法。多次累乘可以用循环结构实现。每循环一次,累乘变量乘以一个数据,再重新赋值给累乘变量,当循环结束时,累乘变量的值即为这些数据连乘的积。

累乘法的一般格式为 $P = P \times T$,称为累乘式,其中,变量 P 是累乘积,一般初值取 1;T 为每次的累乘项,通过累乘项 T 的不断变化,将所有的 T 值都累乘到累乘积 P 中。

注意:格式中的两个 P 是不同的,"="后面的 P 代表的是原来的值,而"="前面的 P 是 P 的原来值与累乘项 T 的乘积值。也就是说,P 保存累乘过程中的中间结果和最后结果;通常,累乘项 T 的变化是有规律的,在设计算法时就是要找到其变化规律。

用累乘法解决问题的重点在于循环三要素(循环体、循环条件和初值)的分析及循环结构语句的选择。选择 3 种循环的一般原则如下。

(1) 如果循环次数已知,用 for 循环。

(2) 如果循环次数未知,用 while 循环。

(3) 如果循环体至少执行一次,用 do-while 循环。

4.2 典型例题

4.2.1 求 n 的阶乘

1. 问题描述

求整数 n 的阶乘。n 的阶乘是指 1 到 n 的累乘积,即 $n! = 1 \times 2 \times 3 \times \cdots \times n$,$n$ 由键盘输入,n 为正整数。

2. 问题分析

(1) 该问题循环次数固定,可以选择 for 循环。

(2) 运用累乘法,循环体内用累乘式 $p = p \times t$。

（3）变量 p 的初值为1。

（4）因为当 n 较大时，阶乘可能超出整型范围，可将累乘积 p 设为 long 型。

3. 算法说明

算法说明参见表 4-1。

表 4-1

类　型	名　　称	代表的含义
算法	fac(int n)	求 n!
形参变量	n	自然数，累乘项的最大数
变量	t	循环变量，用于控制循环的次数；同时为累乘项
变量	p	累积值，存放累乘结果

4. 算法设计

```c
#include "stdio.h"
long  fac(int  n)                              /* 求 n!的算法 */
{
    int t;
    long p;
    p=1;
    for (t=1; t <=n; t++)                      /* 求累乘值 p(即 n!) */
        p=p * t;
    return(p);
}
main()
{
    long  p;
    int n;
    printf("请输入 n 值:");
    scanf ("%d", &n) ;
    p=fac(n);
    printf( "%d!=%ld\n",n, p);
}
```

5. 运行结果

```
请输入n值：10
10! = 3628800
```

4.2.2　除自身相乘

1. 问题描述

输入一个数组的长度和数组元素，求除某元素自身之外的其他元素累乘积，返回一个同长度的数组。规定本题不能用除法来做，即不能用"/"运算符。

2. 问题分析

要求一个数组中每个元素除自身之外其他元素的乘积,可举个例子,如果数组有 4 个元素,分别为 2,3,5,1,则求除自身剩余元素的乘积,即为 15=3×5×1;10=2×5×1;6=2×3×1;30=2×3×5,输出结果为 15,10,6,30。

3. 算法说明

算法说明参见表 4-2。

表 4-2

类　型	名　称	代表的含义
算法	def(int n，long a[])	求除自身外的数组元素乘积
形参变量	n	数组长度
形参数组	a	已知数组
数组	res	存储结果

4. 算法设计

```c
#include<stdio.h>
void def(int n, long a[])
{
    long res[100];

    for (int i =0; i <n; i++)
    {
        res[i] =1;
    }
    for (int i =0; i <n; i++)
    {
        for (int j =0; j <n; j++)
        {
            if (j ! =i)
                res[i] * =a[j];
        }
    }
    for (int i =0; i <n; i++)
    {
        printf("%ld ", res[i]);
    }
}
void main()
{
    long a[100];
```

```
int n;
scanf("%d", &n);
for (int i =0; i <n; i++)
{
    scanf("%ld", &a[i]);
}
def(n, a);
}
```

5. 运行结果

```
4
2 3 5 1
15 10 6 30
```

6. 算法优化

1）优化说明

考虑算法的时间复杂度，应尽量减少循环的层数，可先从前往后遍历，以每个元素为界，之前元素累乘，再从后往前遍历，以每个元素为界，之后元素累乘，最后将两个累乘结果相乘。

2）算法说明

算法说明同上。

3）算法设计

```
#include<stdio.h>
void def(int n, long a[])
{
    long res[100];
    int temp;

    for (int i =0; i <n; i++)
    {
        res[i] =1;
    }
    for (int i =1; i <n; i++)
    {
        res[i] =res[i -1] * a[i -1];
    }
    temp =a[n -1];
    for (int i =n -2; i >-1; i--)
    {
        res[i] =res[i] * temp;
        temp =temp * a[i];
    }
```

```
    for (int i = 0; i < n; i++)
    {
        printf("%ld ", res[i]);
    }


}
void main()
{
    long a[100];
    int n;
    scanf("%d", &n);
    for (int i = 0; i < n; i++)
    {
        scanf("%ld", &a[i]);
    }
    def(n, a);
}
```

4.2.3　求阶乘之和

1. 问题描述

求 $S = 1! + 2! + 3! + \cdots + n!$（其中 n 由键盘输入，n 为正整数）。

2. 问题分析

（1）观察求值表达式 S 可以看出：整体上是求累加和问题，应使用累加法；而每个累加项又是一个累乘积，由前面例题可知，求阶乘又要用到累乘法。因此，本问题的解决应该使用到双重循环，即用外层循环实现累加求和，内层循环完成累乘求积。

（2）内层循环体使用到累乘式：$p = p \times j$，p 的初值为 1。

（3）外层循环体使用到累加式：$s = s + p$，s 的初值为 0。

（4）因为当 n 较大时，累乘积 p 与累加和 s 一定很大，所以将 p、s 设为 double 型。

3. 算法说明

算法说明参见表 4-3。

表　4-3

类　型	名　称	代表的含义
算法	fac_sum(int n)	求阶乘和
形参变量	n	自然数，累乘项的最大数
变量	s	阶乘之和
变量	p	累加项，即阶乘值
变量	i, j	循环变量，i 控制外层循环，j 控制内层循环

4. 算法设计

```c
#include "stdio.h"
double   fac_sum(int  n)                          /* 求阶乘和算法 */
{
    double   s, p ;
    int i,j;
    s=0;
    for(i=1;i<=n;i++)                             /* 控制累加求和 */
    {
        p=1;
        for(j=1;j<=i;j++)                         /* 控制累乘求积,求 p=i! */
            p=p*j;
        s=s+p;                                    /* 阶乘和累加到 s */
    }
    return(s);
}
main()
{
    int n;
    double S;
    printf("请输入一个数:\n");
    scanf("%d",&n);
    S=fac_sum(n);
    printf("n=%d,S=%.0lf\n",n,S);                 /* 输出阶乘和 S 的值 */
}
```

5. 运行结果

```
请输入一个数:
20
n=20,S=2561327494111820300
```

6. 算法优化

1）优化说明

为了提高程序运行的速度,需要尽可能降低循环嵌套的层数,可将上述程序中的双重循环优化为单层循环。通过观察累加项知道：每个累加项都是其前一个累加项的值乘以该数值,即 $i!=(i-1)! \times i$,因此每个阶乘项不必重复计算,这将大大提高程序的运行效率。

2）算法说明

算法说明同上。

3）算法设计

```c
#include "stdio.h"
double   f(int   n)                               /* 求阶乘和算法 */
```

```
{
    double  s, p ;
    int i;
    s=0;
    p=1;
    for(i=1;i<=n;i++)                   /*控制累加求和*/
        {
        p=p*i;                          /*累乘求积,求 p=i!*/
        s=s+p;                          /*阶乘和累加到 s*/
    }
return(s);
}
main()
{
    int n;
    double S;
    scanf("%d",&n);
        S=f(n);
    printf("n=%d,S=%.0lf\n",n,S);       /*输出阶乘和 S 的值*/
}
```

4.2.4 大整数阶乘

1. 问题描述

根据输入的任意正整数 n,计算出 $n!$ 的准确值。

2. 问题分析

随着 n 的增大,$n!$ 的增长速度非常快,其增长速度高于指数的增长速度,所以这是一个高精度的计算问题。

请看两个例子。

```
9!= 362 880
100!    = 93     326 215  443 944  152 681  699 263
856 266  700 490  715 968  264 381  621 468  592 963
895 217  599 993  229 915  608 914  463 976  156 578
268 253  679 920  827 223  758 251  185 210  916 864
000 000  000 000  000 000  000
```

对此,C 语言提供的所有基本数据类型都不能满足存放 $n!$ 的值,因此可利用构造数据类型数组来存放,即将计算结果按照由低位到高位依次存储到一个数组中。由于计算结果太大,位数很多,如果每个数组元素只存储一位数字,则对每一位进行累乘次数太多,因此可以考虑将数组 $a[]$ 定义为长整型,每个数组元素用来存储结果的 6 位数字。

计算过程用双循环来实现,外层循环变量 i 代表要累乘的数据,内层循环变量 j 代表当前累乘结果的数组下标。数据 b 存储计算的中间结果,数据 d 存储超过 6 位数后的进位。

3. 算法说明

算法说明参见表 4-4。

表　4-4

类　　型	名　　称	代表的含义
算法	li_fac(int n)	求大整数阶乘
形参变量	n	存放输入的大整数
变量	b	b 用于临时存储数据
一维数组	a	用于存储 n!的值,每个数组元素存储 6 位数字
变量	d	存储超过 6 位数后向高位的进位

4. 算法设计

```
#include "stdio.h"
#include "math.h"
void li_fac(int n)
{
    int long a[256],b,d;
    int m,i,j;
    m=100;                          /*对 n!的位数进行粗略估计*/
    a[1]=1;
    for(i=2;i<=m;i++)
        a[i]=0;                     /*对数组赋初值*/
    d=0;
    for(i=2;i<=n;i++)
    {
        for(j=1;j<=m;j++)
        {
            b=a[j]*i+d;             /*b 用于临时存储数据*/
            a[j]=b%1000000;         /*每位元素存储 6 位数字*/
            d=b/1000000;            /*向高位的进位*/
        }
    }
    for(i=m;a[i]==0;i--);
    printf("%ld!=",n);
    printf("%ld ",a[i]);
    for(j=i-1;j>=1;j--)
    {
        if(a[j]>99999)
        {  printf("%ld ",a[j]);continue;  }
```

```
        if(a[j]>9999)
        {  printf("0%ld ",a[j]);continue;  }
        if(a[j]>999)
        {  printf("00%ld ",a[j]);continue;  }
        if(a[j]>99)
        {  printf("000%ld ",a[j]);continue;  }
        if(a[j]>9)
        {  printf("0000%ld ",a[j]);continue;  }
        if(a[j]>=0)
        {  printf("00000%ld ",a[j]);continue;  }
    }
    printf("\n");
}
void main()
{
    int n;
    printf("input a number:");
    scanf("%d",&n);
    li_fac(n);
}
```

5. 运行结果

```
input a number:100
100!=93 326215 443944 152681 699238 856266 700490 715968 264381 621468 592963 89
5217 599993 229915 608941 463976 156518 286253 697920 827223 758251 185210 91686
4 000000 000000 000000 000000
```

6. 算法优化

（1）算法中"m＝100"是对 $n!$ 位数的粗略估计。这样做算法很简单，但效率较低，因为有许多不必要的乘 0 运算。其实，也可以在算法的计算过程中实时记录当前积所占数组的位数 m。其初值为 1，每次有进位时 m 增加 1。也就是在算法第二个 for 循环中添加一个 if 语句：

```
if(d!=0)
    {a[j]=d;   m=m+1;}
```

这样就提高了算法的效率。

（2）输出时，首先计算结果的精确位数 r，然后输出最高位数据。在输出其他存储单元的数据时要特别注意，如计算结果是 123 000 001，$a[2]$ 中存储的是 123，而 $a[1]$ 中存储的不是 000 001，而是 1。因此在输出时，通过多个条件语句才能保证输出的正确性。

4.2.5　国王奖赏问题

1. 问题描述

相传国际象棋是古印度舍罕王的宰相达依尔发明的，舍罕王非常喜欢象棋，决定让宰相自己选择奖赏。聪明的宰相指着共 64 格的象棋说："陛下请赏给我一些麦子吧，就在棋盘的第 1 个格子放 1 粒，第二个格子放 2 粒，以后每个格子的麦子数按前一格的两倍计算，依次把棋盘放满。"请问舍罕王要赏宰相多少粒小麦？

2. 问题分析

（1）根据题意，不难得出麦粒总数的计算式：$sum = 1 + 2^1 + 2^2 + 2^3 + \cdots + 2^{63}$。

（2）从整体上是求累加和问题，应使用累加法；而每个累加项又是一个 2 的幂值，并且有规律：下一个幂项是上一个幂项的 2 倍。仿照上例的优化算法，只需要使用单循环就可求解本问题。首先设第一个格子的麦粒数 $p = 1$，并将其累加到 sum 中，即有 $sum = sum + p$，然后求下一个格子中的麦粒数 $p = 2 \times p$，再将其累加到 sum 中。因为有 64 个格子，所以总共需要循环 64 次。

（3）当 sum 和 p 较大时，可能超出整型范围，因此要将 sum 和 p 设为 double 型。

3. 算法说明

算法说明参见表 4-5。

表　4-5

类　　型	名　　称	代表的含义
算法	king()	求麦粒数
变量	sum	麦粒数
变量	p	累加项，即每个格子中的麦粒数
变量	i	循环控制变量

4. 算法设计

```c
#include "stdio.h"
double king()                          /*求麦粒数的算法*/
{
    double sum,p;
    int i,n=1;
    sum=0;
    p=1;
    for(i=1;i<=64;i++)                 /*求出每个格子的麦粒数以及麦粒总数*/
    {
    sum=sum+p;                         /*对每个格子中的麦粒数进行累加*/
    p*=2;                              /*求下一个格子中的麦粒数*/
    }
    return(sum);
}
main()
{
    printf("舍罕王要赏宰相%.01f粒小麦", king());
}
```

5. 运行结果

舍罕王要赏宰相18446744073709552000粒小麦

6. 算法优化

1) 优化说明

这是典型的等比数列问题,求等比数列前 n 项之和有计算公式(其中 $q \neq 1$):

$$S_n = a_1 \frac{1 - q^n}{1 - q}$$

这里可以调用库函数 pow() 来求 x^y 的值,调用格式为 pow(x, y),因该函数适用于 double 类型,所以将整数常数 2 改写成实型常数 2.0,并且使用该函数时需要包含头文件 "math.h"。

2) 算法说明

算法说明参见表 4-6。

表 4-6

类 型	名 称	代表的含义
算法	king2()	求麦粒数
变量	sum	麦粒数

3) 算法设计

```
#include "stdio.h"
#include "math.h"
double  king2()                          /*求麦粒数的算法*/
{
    double sum;
    sum=(1-pow(2.0,64))/(1-2.0);         /*根据公式求麦粒数 sum*/
    return sum;
}
main()
{
    printf("舍罕王要赏宰相%.0f 粒小麦", king2());
}
```

4.2.6 计算 e 值

1. 问题描述

按下列公式计算 e 的值:$e = 1 + \frac{1}{1!} + \frac{1}{2!} + \frac{1}{3!} + \cdots + \frac{1}{n!}$(要求累加项精确到 10^{-6})。

2. 问题分析

因 e 的计算公式中的累加项数不确定,并且循环体至少要执行一次,所以,求解本问题可使用 do-while 循环。整体上是求累加和问题,应使用累加法;而每个累加项的分母又是一个阶乘，应使用累乘法。设 e 的初值为 1，累加项的分母 m 初值为 1，第 i 个累加项的分母 $m=i!$，累加项 $t=1.0/m$，累加求和式 $e=e+t$。根据题意，要求精度到 10^{-6}，则循环终止条件为 $t \leqslant 10^{-6}$。

3. 算法说明

算法说明参见表 4-7。

表 4-7

类　型	名　　称	代表的含义
算法	cal_e()	求 e 值
变量	i	循环控制变量
变量	m	累加项的分母值 m＝i!
变量	t	累加项 t＝1.0/m
变量	e	所求结果 e 值

4. 算法设计

```c
#include "stdio.h"
#include "math.h"
void cal_e()                              /* 求 e 值算法 */
{
    int i,j;
    float m,t,e;
    t=1;
    e=1;
    i=1;
    do
    {
        m=1;
        for(j=2;j<=i;j++)                 /* 求 m=i! */
            m=m*j;
        t=1.0/m;                          /* 求累加项 */
        e=e+t;                            /* 累加求和 */
        i++;
    }while(t>1e-6);                       /* 根据 t 值判断循环是否终止 */
    printf("e=%f\n",e);
}
main()
{
    cal_e();
}
```

5. 运行结果

```
e=2.718282
```

6. 算法优化

1) 优化说明

为了提高程序运行的速度,需要尽可能降低循环嵌套的层数,减少选择判断和赋值语句的次数。下面讨论本例题的优化方法。

前面算法中,累加项分母的阶乘不用每次重复计算,可在上次计算的分母值基础上乘以下一项数值即为累加项分母,然后再用 1 除以该值,就可得到累加项;其实还可进一步简化,用上次计算的累加项除以下一项数值即为下一个累加项,减少变量使用和计算量。

2) 算法说明

算法说明参见表 4-8。

表 4-8

类　型	名　称	代表的含义
算法	cal_e2()	求 e 值
变量	i	循环变量
变量	t	分数值(1/m!)
变量	e	所求结果 e 值

3) 算法设计

```c
#include "stdio.h"
#include "math.h"
void cal_e2()                           /*求 e 值的函数*/
{
    float   i,e,t;
    e=1.0;
    t=1.0;
    i=1;
    do                                  /*求 e 值*/
    {
        t=t/i;
        e+=t;
        i++;
    } while( t>1e-6);
    printf("e=%f\n",e);
}
void main()
{
    cal_e2();
}
```

4.3 小 结

本章讲解了算法设计方法中的累乘法，并结合一些具体的问题来分析和设计算法。重点要理解累乘法的设计思想，并能够运用它解决实际问题。

累乘法的基本思想与累加法基本相同。首先是设置累乘器 P，根据情况将初值赋为 1 或一个特定值；其次定义一个变量 T 存放累乘项，针对具体问题找出 T 的变化规律；最后，在循环体中，执行累乘式 $P=P\times T$，直到满足循环结束条件为止。

注意，在累乘问题中定义累乘变量的数据类型时，一定要充分考虑到结果的值是否超过此数据类型的范围，因为这种错误在编译时不会被发现，会给调试程序带来难度。

习 题

4-1 计算 20!。

4-2 求任一整数 m 的 n 次方。

4-3 求 $s=\dfrac{1}{2}\times\dfrac{1}{2\times2\times2}\times\dfrac{1}{2\times3\times3}\times\cdots\times\dfrac{1}{2\times n\times n}$（精度为 10^{-6}）。

4-4 求 $s=a\times aa\times aaa\times\cdots\times aaa\cdots a$ 之值，其中 a 是一个数字。例如：$2\times22\times222\times2222$（此时 $n=4$），n 由键盘输入。

4-5 求 $\dfrac{1!}{2!}\times\dfrac{2!}{4!}\times\dfrac{3!}{6!}\times\cdots\times\dfrac{n!}{2n!}$。

4-6 已知 $s=1!\times2!\times3!\times\cdots\times n!$，求当 s 首次超过 2 000 000 时的 n 和 s 的值。

4-7 根据 m 的值，计算 y 值：$y=\dfrac{1}{100\times100}+\dfrac{1}{200\times200}+\dfrac{1}{300\times300}+\cdots+\dfrac{1}{m\times m}$。

4-8 求 1～100 的质数之积。质数又称素数，指在一个大于 1 的自然数中，除 1 和其本身外，不能被其他自然数整除的数。

4-9 编程求级数 $\mathrm{e}^x=1+x+\dfrac{x^2}{2!}+\dfrac{x^3}{3!}+\cdots+\dfrac{x^n}{x!}$ 的值。

4-10 利用公式求 $\sin(x)$ 的近似值（精度为 10^{-6}）。$\sin(x)=x+\dfrac{x^3}{3!}+\dfrac{x^5}{5!}+\cdots$。

4-11 求 $S=\dfrac{1}{2!}\times\dfrac{1}{4!}\times\dfrac{1}{6!}\times\cdots\times\dfrac{1}{10!}$。

4-12 求 13 的 13 次方并输出最后三位数。

4-13 求这样一个三位数，该三位数等于其每位数字阶乘之和。

4-14 已知有一个 4×4 的方格，第一个方格有 1 粒麦子，第二个方格有 4 粒麦子，之后每个方格中的麦子数是前一个方格的 3 倍还大 1，求第 14 方格的麦子数。

4-15 老师给 10 个小孩分发糖果，第一个和第二个小孩各分 1 个糖果，之后为奇数的小孩可得到前个奇数小孩的 2 倍糖果，为偶数的小孩可得到前个偶数小孩的 3 倍糖果。问第 9 个、第 10 个小孩各获得多少糖果。

4-16　求 100 内所有个位数与十位数相等的两位数的乘积。

4-17　自守数是指一个数的平方的尾数等于自身的自然数,例如,$25^2=625,76^2=5776,$
$9376^2=87\,909\,376$。请求出 200 000 以内的自守数。

4-18　假设银行一年整存零取的月息为 0.63%。现在某人手中有一笔钱,他打算在今后
的 5 年中每年的年底取出 1000 元,到第 5 年时刚好取完,请算出他存钱时应存
多少。

4-19　找出 100～999(含 100 和 999)所有整数中各个位上数字之积为 x(x 为一正整数)
的整数,然后输出,符合条件的整数个数作为函数值返回。例如,当 x 为 10 时,
100～999 各个位上数字之积为 10 的整数有 125、152、215、251、512、521 共 6 个。

4-20　编写 fun 函数:计算下式前 n 项的和作为函数返回值。

$$S=\frac{1\times3}{2^2}+\frac{3\times5}{4^2}+\frac{5\times7}{6^2}+\cdots+\frac{(2n-1)(2n+1)}{(2n)^2}$$

例如,当形参 n 的值为 10 时,函数返回 9.612 558。

4-21　编写 fun 函数,统计所有小于等于 n($n>2$)的素数的个数,用素数的乘积作为函数
返回值。

4-22　数列中,第一项值为 3,后一项都比前一项的值增 5,计算前 n($4<n<50$)项的累乘
积,每累乘一次把被 4 除后余 2 的当前累乘值放入数组中,符合此条件的累乘值的
个数作为函数值返回主函数。

4-23　计算并输出以下列数的前 n 项之积 S_n,直到 S_{n-1} 大于 q 为止,q 的值通过形参传
入(q 为输入值)。

$$S_n=\frac{2}{1}\times\frac{3}{2}\times\frac{4}{3}\times\cdots\times\frac{n+1}{n}$$

4-24　求 $s=aa\cdots aa-\cdots-aaa-aa-a$(此处 $aa\cdots aa$ 表示 n 个 a,a 和 n 的值在 1～9 之
间),例如:$a=3,n=6$,则以上表达式为:$s=333\,333-33\,333-3333-333-33-$
3,其值是 296 298。

4-25　将 s 所指字符串中 ASCII 值为奇数的字符累乘,并将其乘积返回给主函数。

4-26　求以下组合数(设 $n=5,r=2$):

$$C_n^r=\frac{P_n^r}{r!}=\frac{n!}{r!\,(n-r)!}$$

4-27　计算 y 的值:$y=\frac{1}{2}\times\frac{1}{8}\times\frac{1}{18}\times\cdots\times\frac{1}{2\times m\times m}$($m$ 值由键盘输入)。

4-28　计算 s 的值:$s=1\times\frac{1}{3}\times\frac{1}{5}\times\frac{1}{7}\times\cdots\times\frac{1}{2m+1}$($m$ 值由键盘输入,$m\geqslant0$)。

4-29　求 1 到 100 之间偶数积与奇数积之和。

4-30　计算 $s=\left(\frac{1}{4}\times\frac{1}{6}+\frac{1}{6}\times\frac{1}{8}+\frac{1}{8}\times\frac{1}{10}+\frac{1}{10}\times\frac{1}{12}\right)\times2$。

4-31　求下列级数的近似值(精度为 10^{-5})。

$$S(x)=x-\frac{x^3}{3\times1!}+\frac{x^5}{5\times2!}-\frac{x^7}{7\times3!}+\cdots+(-1)^n\times\frac{x^{2n+1}}{(2n+1)n!}\quad(n,x\text{ 值由键盘输入})$$

4-32 小点中秋节去青龙寺看花灯，寺里举办了猜灯谜赢花灯的活动，小点很想赢取奖品花灯，你能帮帮她吗？灯谜题目如下："远望巍巍塔玲珑，红光点点倍加增，共灯三百八十一，近瞧尖尖三盏灯，请问宝塔数几层？"意思是：一座塔相邻两层中，下一层灯数是上一层灯数的 2 倍，整座塔共挂了 381 盏灯，且塔的顶层挂了 3 盏灯，求这座塔共有几层？

第 **5** 章　　　　递　推　法

5.1　算法设计思想

递推法是利用所求解问题本身具有的性质(递推关系)来求问题解的有效方法。

具体做法是根据该问题 $N=n$ 之前的一步($n-1$)或多步($n-1,n-2,n-3,\cdots$)的结果推导出 n 时的解：$f(n)=F(f(n-1),f(n-2),\cdots)$(称为递推关系式)；而 $N=0,1,\cdots$ 的初值 $f(0),f(1),\cdots$ 往往是直接给出或直观得出的。

递推算法的关键问题是得到相邻的数据项之间的关系,即递推关系。递推关系是一种高效的数学模型,是递推应用的核心。递推关系不仅在各数学分支中发挥着重要的作用,而且由它体现出来的递推思想在各学科领域中更是显示了独特的魅力。

在求解具体问题时,$N=n$ 的解到底与其前面的几步结果相关必须明确。假设是两步,那么在计算的过程中只需记住这前两步的结果 $R1$、$R2$,下一步的结果 R 可以由这前两步的结果推导得到,即有 $R=F(R1,R2)$,接下来进行递推：$R1=R2,R2=R$,向后传递,为求下一步的结果做好准备。这也正是递推法名字的由来。若问题与前三步相关,则在计算的过程中需要记住前三步的结果 $R1,R2,R3$,下一步的结果 R 可由这前三步的结果推导得到,即有 $R=F(R1,R2,R3)$,接下来进行递推：$R1=R2,R2=R3,R3=R$,向后传递。

递推法的一般步骤如下。

(1) 确定递推变量。递推变量可以是简单变量,也可以是一维或多维数组。

(2) 建立递推关系。递推关系是递推的依据,是解决递推问题的关键。

(3) 确定初始(边界)条件。根据问题最简单情形的数据确定递推变量的初始(边界)值,这是递推的基础。

(4) 控制递推过程。递推过程控制通常由循环结构实现,即递推在什么时候进行,满足什么条件结束。

递推法可分为正推法和倒推法两种。其中，正推法是一种简单的递推方式，是从小规模的问题推解出大规模问题的一种方法，也称为"正推"；倒推法则是对某些特殊问题所采用的不同于通常习惯的一种方法，即从后向前进行推导，实现求解问题的方法。

5.2　典型例题

5.2.1　兔子繁殖问题

1. 问题描述

一对兔子从出生后第三个月开始，每月生一对小兔子。小兔子长到第三个月又开始生下一代小兔子。假若兔子只生不死，一月份抱来一对刚出生的小兔子，问一年中的每个月各有多少对兔子。

2. 问题分析

寻找问题的规律性，需要通过对现实问题的具体事例进行分析，从而抽象出其中的规律。

一对兔子从出生后第三个月开始每月生一对小兔子，第三个月以后每月除上个月的兔子外，还有新生的小兔子，在下面用加号后面的数字表示。则第三个月以后兔子的对数就是前两个月兔子对数的和。过程如下：

1月	2月	3月	4月	5月	6月	…
1	1	1＋1＝2	2＋1＝3	3＋2＝5	5＋3＝8	…

3. 算法说明

算法说明参见表 5-1。

表　5-1

类　　型	名　　称	代表的含义
算法	rabbit()	递推法求解兔子繁殖问题
变量	a	当前月的前两个月的兔子对数
变量	b	当前月的前一个月的兔子对数
变量	c	当前月份的兔子对数

4. 算法设计

```
#include "stdio.h"
void rabbit()
{
    int i,c,a=1,b=1;
    printf("%d,%d,",a,b);
    for(i=1;i<=10;i++)
    {
```

```
        c=a+b;                          /＊斐波那契数列规律,第三项等于前两项之和＊/
        printf("%d,",c);
        a=b;                            /＊向后递推＊/
        b=c;
    }
}
void main()
{
    printf("一年中每个月兔子对数如下:\n");
    rabbit();
}
```

5. 运行结果

```
一年中每个月兔子对数如下:
1,1,2,3,5,8,13,21,34,55,89,144,
```

6. 算法优化

1) 优化说明

1	2	3	4	5	6	7	8	…
a	b	$a=a+b$	$b=b+a$	$a=a+b$	$b=b+a$	$a=a+b$	$b=b+a$	…

因此,可以归纳出用"$a=a+b$,$b=b+a$"做循环不变式,这样一来,循环其实是递推了 2 步,循环次数自然减少。

2) 算法说明

算法说明参见表 5-1。

3) 算法设计

```
#include "stdio.h"
void rabbit()
{
    int i,a=1,b=1;
    printf("%d,%d,",a,b);
    for(i=1;i<=5;i++)
    {
        a=a+b;
        b=b+a;
        printf("%d,%d,",a,b);
    }
}
void main()
{
    rabbit();
}
```

5.2.2 最大公约数问题

1. 问题描述

给出任意两个正整数，求它们的最大公约数。

2. 问题分析

求两个数的最大公约数，最简单的方法就是用最大公约数的定义来求。

设 m,n 为两个正整数，d 取 m 和 n 中较小的一个，若 $d \neq 0$，则判断 d 是否同时整除 m,n，如果是，则 d 为最大公约数；否则，$d = d-1$ 重复上述过程，直到满足为止。因为最后 $d=1$ 时，一定会满足条件。

3. 算法说明

算法说明参见表 5-2。

表 5-2

类 型	名 称	代表的含义
算法	f(int m,int n)	由定义求最大公约数
形参变量	m,n	输入的两个数
变量	d	保存最大公约数

4. 算法设计

```
#include "stdio.h"
int f(int m,int n)
{
    int d;
    if(m<n)
        d=m;
    else
        d=n;
    while(d>0)
    {
        if(m%d==0 && n%d==0)
            return(d);
        d--;
    }
}
void main()
{
    int m,n;
    printf("请输入两个正整数:");
    scanf("%d%d",&m,&n);
    printf("最大公约数为:%d\n",f(m,n));
}
```

5. 运行结果

```
请输入两个正整数:12 3
最大公约数为: 3
```

6. 算法优化

1）优化说明

下面应用递推法求解此问题。

在数学中,求最大公约数有一个很有名的方法叫辗转相除法,辗转相除法体现了递推法的基本思想。

设 m,n 为两个正整数,且 n 不为零,辗转相除法的过程如下。

（1）将问题转化为数学公式,即 $r=m\%n$,r 为 m 除以 n 的余数。

（2）若 $r=0$,则 n 即为所求的最大公约数,输出 n。

（3）若 $r!=0$,则令 $m=n$,$n=r$,继续递归,再重复前面的（1）和（2）步骤。

其中第（3）步即为递推部分。

2）算法说明

算法说明参见表 5-3。

表 5-3

类 型	名 称	代表的含义
算法	f(int m,int n)	辗转相除法求最大公约数
形参变量	m,n	输入的两个数
变量	r	两个数相除的余数

3）算法设计

```c
#include "stdio.h"
int f(int m,int n)
{
    int r=n;
    while(r!=0)
    {
    r=m%n;                      /*利用 r=m%n,将余数赋给 r*/
    m=n;
    n=r;
    }
    return m;
}
void main()
{
    int m,n;
    printf("Input two numbers:");
    scanf("%d%d",&m,&n);
```

```
    printf("%d\n",f(m,n));
}
```

5.2.3 猴子吃桃问题

1. 问题描述

一只小猴子摘了若干个桃子，每天吃现有桃子的一半多一个，到第 10 天时只剩一个桃子，求小猴子最初摘了多少个桃子？

2. 问题分析

这道题可以用倒推法来解决。因为猴子每天吃的桃子数取决于前一天的桃子数，所以可以用一个递推变量代替桃子数。设 a 为递推变量，代表今天剩下的桃子数，那么就可以推导出昨天剩下的桃子数，即 $a=(a+1)×2$，这就是本题的递推关系式，找到这个关系式，问题基本就解决了。

3. 算法说明

算法说明参见表 5-4。

表 5-4

类　型	名　称	代表的含义
算法	tao()	递推法求解猴子吃桃问题
变量	a	桃子数
变量	i	天数

4. 算法设计

```
#include "stdio.h"
void tao()
{
    int i,a;
    a=1;
    for(i=9;i>=1;i--)                          /* 利用倒推法求解 */
        a=(a+1) * 2;
    printf("sum=%d\n",a);
}
void main()
{
    tao();
}
```

5. 运行结果

sum=1534

6. 算法优化

1) 优化说明

这道题不但可以用倒推法解决,还可以用递归法求解。

由于猴子每天吃的桃子数取决于前一天的桃子数,因此可定义一个递归函数来求桃子数,设 $\text{tao}(n)$ 代表第 n 天剩下的桃子数,则有递归关系式:

$$\text{tao}(n) = (\text{tao}(n+1)+1) \times 2 \quad \text{当 } n=1,2,3,\cdots,9 \text{ 时}$$

递归终止条件是:当 $n=10$ 时,$\text{tao}(n)=1$。

2) 算法说明

算法说明参见表 5-5。

表　5-5

类　型	名　称	代表的含义
算法	tao(int n)	求解猴子吃桃问题算法
形参变量	n	天数

3) 算法设计

```c
#include "stdio.h"
int tao(int n)
{
    if (n==10) return 1;
    else
    return (tao(n+1)+1) * 2;
}
void main()
{
    printf("sum=%d\n",tao(1));
}
```

5.2.4　杨辉三角形问题

1. 问题描述

输出如图 5-1 所示的杨辉三角形(打印出 10 行)。

2. 问题分析

由图 5-1 所示的杨辉三角形可以看出,中间的数据等于其上一行左上、右上的数据和,第 i 层有 i 列需要求解 i 个数据。可以用二维数组 array[][]存储杨辉三角形。

为了便于表示,可以将杨辉三角形变一下形状,即从第一列开始放置,则可得到一个下三角矩阵,而且很有规律:第一列都为 1,主对角线都为 1,从第三行起,中间(除第一个和对角线之外)位置元素的值等于其上一行对应位置元素及其前一个元素之和,这就是从当前行

```
                1
              1   1
            1   2   1
          1   3   3   1
        1   4   6   4   1
              ...
```

图　5-1

推导到下一行的递推关系式，由此便可求出杨辉三角形的任一行。

3. 算法说明

算法说明参见表 5-6。

表 5-6

类 型	名 称	代表的含义
算法	yanghui()	递推法求解杨辉三角形问题
二维数组	array	存储杨辉三角形
变量	i	行
变量	j	列

4. 算法设计

```c
#include "stdio.h"
void yanghui()
{
    int array[10][10],i,j;
    for(i=0;i<10;i++)
    {
        array[i][i]=array[i][0]=1;
        for(j=1;j<=i;j++)
            array[i+1][j]=array[i][j]+array[i][j-1];
    }
    for(i=0;i<10;i++)
    {
        for(j=0;j<=i;j++)
        {
            printf("%5d",array[i][j]);
            printf(" ");
        }
        printf("\n");
    }
}
void main()
{
    yanghui();
}
```

5. 运行结果

```
1
1    1
1    2    1
1    3    3    1
1    4    6    4    1
1    5    10   10   5    1
1    6    15   20   15   6    1
1    7    21   35   35   21   7    1
1    8    28   56   70   56   28   8    1
1    9    36   84   126  126  84   36   9    1
```

6. 算法优化

1) 优化说明

前面以二维数组为存储,使用递推法求解杨辉三角形问题,那么,是否可以用一维数组为存储来解决本问题呢? 回答当然是肯定的。

使用一维数组时注意以下两个问题:一是不能保存完整的杨辉三角形,只能求出一行输出一行;二是在利用递推法从上一行推导下一行时,如果按照通常从前向后推导的话,则原有已知数据将被覆盖,怎么办? 只好倒过来从后向前逐项计算,这也是一种倒推法。

下面举例说明。设有一维数组 $a[\ ]$,现已存储第三行数据,则有 $a[1]=1,a[2]=2$,$a[3]=1$,那么,下一行的求值顺序是:先求 $a[4]$,已知所有数组元素初值均为 0,因此,$a[4]=a[3]+a[4]=1+0=1$;再求 $a[3]=a[2]+a[3]=2+1=3$;以此类推。

2) 算法说明

算法说明参见表 5-7。

表　5-7

类　　型	名　　称	代表的含义
算法	yanghui()	递推法求解杨辉三角形问题
一维数组	a	存储杨辉三角形
变量	i	杨辉三角形的行数
变量	j	数组下标

3) 算法设计

```c
#include "stdio.h"
void yanghui()
{
    int n,i,j,a[20];
    printf(" 1\n");
    a[1]=a[2]=1;
    printf(" %-4d  %-4d\n",a[1],a[2]);
    for(i=3;i<=10;i++)
    {
        a[1]=a[i]=1;
        for(j=i-1;j>1;j--)
            a[j]=a[j]+a[j-1];
        for(j=1;j<=i;j++)
            printf(" %-4d ",a[j]);
        printf("\n");
    }
}
void main()
{
    yanghui();
}
```

5.2.5 伯努利装错信封问题

1. 问题描述

某人写了 n 封信，这 n 封信对应有 n 个信封。求把所有的信都装错了信封的情况共有多少种？

这是组合数学中有名的错位问题。著名数学家伯努利（Bernoulli）曾最先考虑此题。后来，欧拉对此题产生了兴趣，称此题是"组合理论的一个妙题"，独立地解出了此题。

2. 问题分析

为叙述方便，把某一元素在自己相应位置（如"2"在第 2 个位置）称为在自然位；某一元素不在自己相应位置称为错位。

事实上，所有全排列分为以下三类。

(1) 所有元素都在自然位，实际上只有一个排列。当 $n=5$ 时，即 12345。

(2) 所有元素都错位。当 $n=5$ 时，如 24513。

(3) 部分元素在自然位，部分元素错位。当 $n=5$ 时，如 21354。

装错信封问题求解实际上是求 n 个元素全排列中的"每一元素都错位"的子集。

当 $n=2$ 时显然只有一个解：21（"2"不在第 2 个位置且"1"不在第 1 个位置）。

当 $n=3$ 时，有 231，312 两个解。

通常，可在实现排列过程中加上"限制取位"的条件。

设置一维数组 $a[]$。$a[i]$ 在 $1\sim n$ 中取值，出现数字相同 $a[j]=a[i]$ 或元素在自然位 $j=a[j]$ 时返回（$j=1,2,\cdots,n-1$）。

当 $i<n$ 时，还未取 n 个数，i 增 1 后 $a[i]=1$ 继续；

当 $i=n$ 且最后一个元素不在自然位 $a[n]!=n$ 时，输出一个错位排列，并设置变量 s 统计错位排列的个数。

当 $a[i]<n$ 时，$a[i]$ 增 1 继续。

当 $a[i]=n$ 时，回溯或调整，直到 $i=1$ 且 $a[1]=n$ 时结束。

3. 算法说明

算法说明参见表 5-8。

表 5-8

类 型	名 称	代表的含义
算法	bernoulli(int n)	回溯法求解伯努利装错信封问题
形参变量	n	信封个数
一维数组	a	标记信和信封是否错位
变量	s	统计全错位总和

4. 算法设计

```c
#include "stdio.h"
int bernoulli(int n)
```

```
{
    int i,j,t,a[30];
    int s=0;
    i=1;
    a[i]=1;
    while(1)
    {
        t=1;
        for(j=1;j<i;j++)
        if(a[j]==a[i]||a[j]==j)          /* 出现相同元素或元素在自然位时返回 */
        {
            t=0;
            break;
        }
        if(t && i==n && a[n]!=n)          /* 加上最后一元素错位限制 */
        {
            s++;
            for(j=1;j<=n;j++)
                printf("%d",a[j]);
            printf("  ");
            if(s%5==0) printf("\n");
        }
        if(t && i<n)
        {
            i++;
            a[i]=1;
            continue;
        }
        while(a[i]==n)
            i--;                          /* 调整或回溯 */
        if(i>0)
            a[i]++;
        else
        break;
    }
    return(s);
}
void main()
{
    int n,sum;
    printf(" input n  (n<10):");
    scanf("%d",&n);
    sum=bernoulli(n);
    printf("\n sum=%d\n",sum);
}
```

5. 运行结果

```
input n  (n<10):5
21453    21534    23154    23451    23514
24153    24513    24531    25134    25413
25431    31254    31452    31524    34152
34251    34512    34521    35124    35214
35412    35421    41253    41523    41532
43152    43251    43512    43521    45123
45132    45213    45231    51234    51423
51432    53124    53214    53412    53421
54123    54132    54213    54231
s=44
```

6. 算法优化

1）优化说明

使用递归的方法来优化求解。设递归函数 bernoulli(k) 的变量 k 从 1 开始取值。当 $k \leqslant n$ 时，第 k 个数 $a(k)$ 取 $i(1 \leqslant i \leqslant n)$，并置标志量 $u=0$。

（1）若 $a[k]$ 与其前面已取的 $a[j](j<k)$ 比较，出现相同元素 $a[k]=a[j]$，或 $a[j]$ 在自然位，即第 k 个数取 i 不成功，置标志量 $u=1$。

（2）若 $a[k]$ 与所有前面已取的 $a[j]$ 比较，没有一个相等，且其前面的所有元素 $a[j]$ 都不在自然位，则第 k 个数取 i 成功，置标志量 $u=0$，然后进行以下判断。

① 若 $k=n$，即已取了 n 个数，且第 n 个元素不在自然位，即 $a[n]!=n$，输出这 n 个数即为一错位排列，并用 s 统计排列的个数；输出一个排列后，$a[k]$ 继续从 $i+1$ 开始，在余下的数中取下一个数，直到全部取完，则返回到上一次调用 bernoulli(k) 处，即回溯到 bernoulli($k-1$)，第 $k-1$ 个数继续往下取值。

② 若 $k<n$，即还未取 n 个数，即在 bernoulli(k) 状态下调用 bernoulli($k+1$) 继续探索下一个数，下一个数 $a[k+1]$ 又从（$1\sim n$）中取数。

（3）标志量 $u=1$，第 k 个数取 i 不成功，则接着从 $i+1$ 开始取下一个数。若在 1 到 n 中的每一个数都取遍了，仍是 $u=1$，则返回上一次调用 bernoulli(k) 处，即回溯到 bernoulli($k-1$)，第 $k-1$ 个数继续往下取值。

可见，递归具有回溯的功能，即 bernoulli(k) 在取所有 n 个数之后，自动返回到 bernoulli(k) 的上一层，即回溯到 bernoulli($k-1$)，第 $k-1$ 个数继续往下取值。

主程序只要调用 bernoulli(1) 即可，所有错位排列将在递归函数中输出。最后 bernoulli(1) 中的 $a[1]$ 取完所有数，返回 s，即输出错位排列的个数后结束。

2）算法说明

算法说明参见表 5-9。

表 5-9

类　型	名　称	代表的含义
算法	bernoulli(int k)	递归求解伯努利装错信封问题
形参变量	k	第 k 信封，递归参数
一维数组	a	标记信和信封是否错位
变量	n	信封个数

类　　型	名　　称	代表的含义
变量	s	统计全错位总数

3）算法设计

```
#include "stdio.h"
int n,a[30];
int s=0;
void bernoulli(int k)                    /*装错信封问题递归算法*/
{
    int i,j,u;
    if(k<=n)
    {
        for(i=1;i<=n;i++)
        {
            a[k]=i;                      /*探索第 k 个数赋值 i*/
            for(u=0,j=1;j<=k-1;j++)
                if(a[k]==a[j]||a[j]==j)  /*若出现重复数字或在自然位*/
                    u=1;                 /*若第 k 个数不可置 i,则 u=1*/
            if(u==0)                     /*若第 k 个数可置 i,则检测是否取到 n 个数*/
            {
                if(k==n && a[n]!=n)      /*到 n 且第 n 个数错位,输出解*/
                {
                    s++;
                    printf(" ");
                    for(j=1;j<=n;j++)
                        printf("%d",a[j]);
                    if(s%10==0)
                        printf("\n");
                }
                else
                    bernoulli(k+1);      /*若没到 n 个数,则探索下一个数 k+1*/
            }
        }
    }
}
void main()
{
    void bernoulli(int k);
    printf(" input n  (n<10):");
    scanf("%d",&n);
    bernoulli(1);                        /*从第 1 个数开始递归调用*/
    printf("\n 总数为: %d \n",s);        /*输出全错位总数*/
}
```

4）运行结果

```
input n  (n<10):4
2143  2341  2413  3142  3412  3421  4123  4312  4321
总数为: 9
```

5.2.6 分西瓜问题

1. 问题描述

一次比赛奖励一批西瓜，第一名得西瓜总数的一半加半个，第二名得剩下的西瓜的一半加半个，第三名得再次剩下的西瓜的一半加半个，西瓜正好分完，在分的过程中并没有用刀切西瓜。请编程计算西瓜总数是多少？

2. 问题分析

该问题适合用递推法求解。先从假设的某个前项的值出发，逐步按规定的分法（一半加半个）去推算出结果。当分了三次后，如逐步推算出的结果不等于已知的结果，就不断增加最初前项的值，再按同样的方法来推算结果。如此重复，直到推算出的结果等于已知的结果为止。最后输出此时前项的值就是问题的解。

3. 算法说明

算法说明参见表 5-10。

表 5-10

类　型	名　　称	代表的含义
算法	watermelon()	递推法求解分西瓜问题
变量	n	西瓜总数
变量	a	每次分西瓜后剩余的西瓜数

4. 算法设计

```c
#include "stdio.h"
void watermelon()
{
    int n,i;
    float a;
    n=1;
    do
    {
        n=n+1;
        a=n;
        for(i=1;i<=3;i++)
            a=a-a/2-0.5;
    }while(a!=0);
    printf("西瓜数为%d",n);          /*当西瓜的份数不为零时执行循环体*/
}
void main()
```

```
{
    watermelon();
}
```

5.运行结果

西瓜数为7

6.算法优化

1）优化说明

本题用倒推法求解更简单,也更容易理解。

用剩下的西瓜,按某种方法来还原上一次剩下的西瓜,这样还原三次,还原的方式是:本次剩下的西瓜加上半个是上次剩下西瓜的一半。因此,倒推的公式是:上次剩下的西瓜＝(本次剩下的西瓜＋半个)×2。

2）算法说明

算法说明参见表 5-11。

表　5-11

类　　型	名　　称	代表的含义
算法	watermelon( )	倒推法求解分西瓜问题
变量	a	西瓜份数

3）算法设计

```
#include "stdio.h"
void watermelon()
{
    int i;
    float a;
    a=0.0;
    for(i=1;i<=3;i++)
        a=(a+0.5) * 2;
    printf("西瓜数为%.0f\n",a);
}
main()
{
    watermelon();
}
```

5.3　小　　结

递推法的基本思想是把一个复杂的庞大的计算过程转化为简单过程的多次重复,该算法充分利用了计算机运算速度快和不知疲倦的特点,从头开始一步步地推出问题最终的结果。递推法是计算机在数值计算中的一个重要算法。

计算方法和应用数学中有不少算法属于递推算法。递推就是在一个循环体内随着循环控制变量的变化，逐一通过前面的 k 个已知或者已经算出的值计算当前待算值的过程。

递推法求解问题的基本方法是：首先，确认能否容易地得到简单情况的解；然后，假设规模为 $N-1$ 的情况已经得到解决；最后，重点分析当规模扩大到 N 时，如何枚举出所有的情况，并且要确保对于每种情况都能用前面已经得到的结果给予解决。

习　　题

5-1　已知数列 $\{a_n\}$，通项 $a_n = n \times a_{n-1}$，$a_1 = 1$，求第 n 项的值。

5-2　求斐波那契数列：$1, 1, 2, 3, 5, 8, \cdots$ 前 n 项的和。

5-3　编写程序，对给定的 $n(n \leqslant 100)$，计算并输出 k 的阶乘 $k!(k=1,2,\cdots,n)$ 的全部有效数字。

5-4　采用递推法，计算出 $1 \times 2 \times 3 + 3 \times 4 \times 5 + \cdots + 99 \times 100 \times 101$。

5-5　ABCDE 植树。A 比 B 多植两棵树，B 比 C 多植两棵树，$\cdots\cdots$，E 植了 10 棵树。求 A 植了多少棵树。

5-6　用递推法计算 $f(x) = x^n$。

5-7　有一组数，其规律如下：$0, 5, 5, 10, 15, 25, 40, \cdots$，求出该数列第 n 项的数值。

5-8　如图 5-2 所示，给定一个具有 N 层的数学三角形，从顶至底有多条路径，每一步可沿左斜线向下或沿右斜线向下，路径所经过的数字之和为路径得分，请给出最小路径得分。

```
        2
      6   2
    1   8   4
  1   5   6   8
```
图　5-2

5-9　一个富翁给儿子存四年大学的生活费，儿子每月只能取 3000 元作为下个月的生活费，采用的是整存零取的方式。已知年利率为 1.71%，请问富翁一次性需要存入多少钱。

5-10　猴子吃桃问题，猴子第一天摘下若干个桃子，当即吃了一半，还不过瘾，又多吃两个，第二天早上又将剩下的桃子吃了一半，又多吃了两个，以后每天早上都吃前一天剩下的一半多两个，到第十天早上只剩下两个桃子。求第一天猴子摘了多少个桃子？

5-11　从原点出发，每一步只能向正右走、向正上走或向正左走。恰好走 N 步且不经过已走的点共有多少种走法？（注：已走的点是指本次走法里已走的点。）

5-12　同一个平面内的 $n(n \leqslant 500)$ 条直线，已经有 $p(p \geqslant 2)$ 条直线相交于一点，则这 n 条直线能将平面割成多少个不同的区域？

5-13　问题描述：x, y 为整数，求 $M = \{2^x, 3^y \mid x \geqslant 0, y \geqslant 0\}$，输入一个数 n，求出元素从小到大排列的双幂数列的第 n 项值，以及前 n 项和。

5-14　a、b、c 三个不同的数字组成一个 N 位数，要求不出现两个 a 相邻，也不出现两个 b 相邻，这样的 N 位数的个数为 A_n，用 A_n-1 和 A_n-2 表示 A_n 的关系式是什么？

5-15　自然数从 1 到 N 按顺序列成一排，从中取出任意个数，但是相邻的两个数不可以同时被取出，求一共有多少种取法？

5-16　有一楼梯共 N 阶,由于年久失修,其中有 K 阶台阶已经损坏(人不能在损坏的台阶上停留),已知某人一次能上一阶、两阶或三阶台阶,请问此人从楼梯底部走到楼梯顶部,共有多少种走法?

5-17　有排成一行的 n 个方格,用红(Red)、粉(Pink)、绿(Green)三色涂每个格子,每格涂一色,要求任何相邻的方格不能同色,且首尾两格也不同色,求全部满足要求的涂色法。

5-18　今年的 ACM 暑期集训队一共有 18 人,分为 6 支队伍。其中有一支叫作 EOF 的队伍,由 04 级的阿牛、XC 以及 05 级的 COY 组成。在共同的集训生活中,大家建立了深厚的友谊,阿牛准备做点什么来纪念这段激情燃烧的岁月,想了想,阿牛从家里拿来了一块上等的牛肉干,准备在上面刻下一个长度为 n 的只由"E""O""F"三种字符组成的字符串(可以只有其中一种或两种字符,但绝对不能有其他字符),阿牛同时禁止在串中出现"O"相邻的情况,他认为,"OO"看起来就像发怒的眼睛,效果不好。能帮阿牛算一下一共有多少种满足要求的不同的字符串吗?

5-19　今年暑假,杭电 ACM 集训队第一次组女队,其中有一队叫 RPG,但作为集训队成员之一的野骆驼竟然不知道 RPG 三个人具体是谁。RPG 给他机会让他猜,第一次猜:R 是公主,P 是草儿,G 是月野兔;第二次猜:R 是草儿,P 是月野兔,G 是公主;第三次猜:R 是草儿,P 是公主,G 是月野兔……可怜的野骆驼第六次终于把 RPG 分清楚了。由于 RPG 的带动,做 ACM 的女生越来越多,野骆驼想知道她们所有的人,可现在有 N 人,他要猜的次数可就多了,为了不为难野骆驼,女生们只要求他答对一半或一半以上就算过关,请问有多少组答案能使他顺利过关。

5-20　上体育课的时候,小蛮的老师带着同学们一起做传球游戏。游戏规则是这样的:n 个同学站成一个圆圈,其中的一个同学手里拿着一个球,当老师吹哨子时开始传球,每个同学可以把球传给自己左右的两个同学中的一个(左右任意),当老师再次吹哨子时,传球停止,此时,拿着球没传出去的那个同学就是败者,要给大家表演一个节目。聪明的小蛮提出一个有趣的问题:有多少种不同的传球方法可以使得从小蛮手里开始传的球,传了 m 次以后,又回到小蛮手里。要求接到球的同学按接球顺序组成的序列不同。比如 3 个同学 1 号、2 号、3 号,并假设小蛮为 1 号,球传了 3 次回到小蛮手里的方式有 1→2→3→1 和 1→3→2→1 共两种。

5-21　一张圆薄饼切 100 刀,请问最多能切成多少块?

5-22　附中七年级(1)班的学生星期天去社区植树,需要组织一部分男生去河边抬水浇树(两人一组),先将这些学生排成两列纵队,问 n 排学生可以有多少种不同的组合方法(根据个子高低,每位同学只能同一排或前后同学组合)。

5-23　将整数 n 分成 k 份,每份不能为空,且任意两种分法不能相同(不考虑前后顺序)。
例如,n=7,k=3,下面三种分法被认为是相同的:
1,1,5;1,5,1;5,1,1
问共有多少种不同的分法?

5-24　有 5 个人坐在一起,当问第 5 个人多少岁时,他说比第 4 个人大 2 岁,问第 4 个人多少岁时,他说比第 3 个人大 2 岁,以此下去,问第 1 个人多少岁,他说他 10 岁,最后求第 5 个人多少岁？

5-25 过生日的时候，生日蛋糕是不可缺少的元素。一般情况下，人们切蛋糕总是经过蛋糕的中心，刀痕交叉地将蛋糕切成若干规则而美观的小块。淘气包生日这一天，开始时，他还能规矩地切蛋糕，可是切了几刀，就不耐烦了，一边杂乱地切着，一边还振振有词，有些刀切不过中心点，可以切成更多的蛋糕小块。这是真正的事实吗？

5-26 小明为了交学费时方便，让妈妈将所有的百元大钞换成 1 元、2 元、5 元、10 元、20 元、50 元面额的钞票若干张。当小明手中 6 种面额的钞票分别为 n_1、n_2、n_3、n_4、n_5、n_6 张时，可以支付哪些不同的缴费金额呢？

5-27 给出自然数 n，要求按如下方式构造数列。

　(1) 只有一个数字 n 的数列是一个合法的数列。

　(2) 在一个合法的数列的末尾加入一个自然数，但是这个自然数不能超过该数列最后一项的一半，可以得到一个新的合法数列。

试求一共有多少个合法的数列。两个合法数列 a，b 不同当且仅当两数列长度不同或存在一个正整数 i 小于或等于 $|a|$，使得 a_i 不等于 b_i

第 **6** 章 递 归 法

6.1 算法设计思想

递归就是一个过程或函数在其定义中直接或间接调用自身的一种方法。递归法是一种用来描述问题和解决问题的基本方法,通常把一个大型复杂的问题层层转化为一个与原问题相似的规模较小的问题来求解。递归策略只需少量的程序就可描述出需要多次重复计算的解题过程,大大减少了程序的代码量。递归的能力在于用有限的语句来定义对象的无限集合。一般来说,递归需要有边界条件、递归前进段和递归返回段。当边界条件不满足时,递归前进;当边界条件满足时,递归返回。

递归法思路如下:第一步将规模较大的原问题分解为一个或多个规模更小,但具有类似于原问题特性的子问题,即较大的问题递归地用较小的子问题来描述,解原问题的方法同样可用来解这些子问题;第二步确定一个或多个无须分解、可直接求解的最小子问题(称为递归的终止条件)。

递归的两个基本要素如下。

(1)递归关系式(递归体):确定递归的方式,即原问题是如何分解为子问题的。

(2)递归出口:确定递归何时终止,即递归的终止(结束、边界)条件。

6.2 典型例题

6.2.1 母牛繁殖问题

1.问题描述

有一头母牛,它每年年初生一头小母牛。每头小母牛从第四个年头开始,每年年初也生一头小母牛。求到第 n 年的时候,共有多少头母牛(这里不计死亡)?

2.问题分析

依题意可得到这样一个数列:1、2、3、4、6、9、13、19、28、…,该数列类似于斐波那契数列。根据问题描述,可以将母牛的头数定义为 f,构造这样一个数列递推式：

$$\begin{cases} f(1)=1 \\ f(2)=2 \\ f(3)=3 \\ \cdots \\ f(n)=f(n-1)+f(n-3) \quad 当 n>3 时 \end{cases}$$

该问题的递归终止条件是：当 $n<4$ 时，$f(n)=n$。

3. 算法说明

算法说明参见表 6-1。

表 6-1

类 型	名 称	代表的含义
算法	cow(int n)	求解母牛繁殖问题
形参变量	n	数列的项数，即第几年
变量	m	存储第 n 年的母牛数

4. 算法设计

```c
#include "stdio.h"
long int cow(int n)                    /*求解母牛繁殖问题*/
{
    long m=1;
    if(n<4)
        return n;
    else
        m=cow(n-1)+cow(n-3);
    return m;
}
void main()
{
    int n;
    printf("请输入求第几年的母牛数 n=");
    scanf("%d",&n);
    printf("第 %d 年母牛数为:%ld\n",n,cow(n));
}
```

5. 运行结果

```
请输入求第几年的母牛数n=6
第 6 年母牛数为: 9
```

6. 算法优化

1）优化说明

在上述程序中，可以不通过定义变量保存结果，而直接通过函数返回值。这种方法减

少了变量的使用,从而减少了程序变量占用的内存空间。同时,递归终止条件也可改为
$n \leqslant 4$。

2) 算法说明

算法说明参见表 6-2。

表　6-2

类　　型	名　　称	代表的含义
算法	cow(int n)	求解母牛繁殖问题
形参变量	n	数列的项数,即第几年

3) 算法设计

```c
#include "stdio.h"
long  cow2(int n)                          /* 求解母牛繁殖问题 */
{
    if(n<=4)
        return n;
    else
        return cow2(n-1)+cow2(n-3);
}
int main()
{
    int n;
    printf(" 请输入求第几年的母牛数 n=");
    scanf("%d",&n);
    printf(" 第 %d 年母牛数为:%ld\n",n,cow2(n));
}
```

6.2.2　输出各位数字

1. 问题描述

任意给出一个十进制正整数,请从高位到低位逐位输出各位数字。

2. 问题分析

本题要求从高位到低位输出十进制正整数的各位数字,但由于不知道输入的数字有
多少位,因此可采用从低位到高位逐步求每一位数字并存储,然后采取从高位到低位输出
即可。

求解本题时,可以设置数组 $a[ ]$,用于存储正整数的各位数字,然后利用循环逐位求
每一位,最后输出结果。

3. 算法说明

算法说明参见表 6-3。

表 6-3

类　型	名　称	代表的含义
算法	digit(long n)	求十进制正整数各位数字
形参变量	n	输入的十进制正整数
数组	a	存储各位数字

4. 算法设计

```
#include "stdio.h"
int digit(long n,int a[])
{
    int i=0,j;
    while(n>=10)
    {
        a[i]=n%10;
        i++;
        n=n/10;
    }
    a[i]=n;
    return(i);
}
void main()
{
    int m,j,a[20];
    long int n;
    printf("请输入一个正整数:");
    scanf("%ld",&n);
    m=digit(n,a);
    printf("正整数%ld高位到低位分别是:",n);
    for(j=m;j>=0;j--)
        printf("%4d",a[j]);
}
```

5. 运行结果

请输入一个正整数:12345
正整数12345高位到低位分别是：　1　2　3　4　5

6. 算法优化

1）优化说明

上述程序中，可以不定义数组来保存结果，而是通过递归表达式在返回时直接输出结果。这种方法减少了数组的使用，减少了程序占用的内存空间，从而加快了程序的运行效率。

2）算法说明

算法说明参见表 6-4。

表 6-4

类　型	名　称	代表的含义
算法	digit2(long n)	求十进制正整数各位数字
形参变量	n	输入的十进制正整数

3）算法设计

```c
#include "stdio.h"
void digit2(long n)
{
    if(n<10)
        printf("%-4d",n);
    else
    {
        digit2(n/10);
        printf("%-4d",n%10);
    }
}
void main()
{
    long int n;
    printf("请输入一个正整数:");
    scanf("%ld",&n);
    digit2(n);
}
```

6.2.3 最大值问题

1. 问题描述

给定一组数据,求其中的最大值。

2. 问题分析

将给定的数据存储到数组 $a[\ ]$ 中,不妨假设有 n 个数据。

下面用递归法实现求 $a[0]\sim a[n-1]$ 的最大值。这里对数据个数 n 进行递归,当 $n=1$,只有一个数时,那么这个数就是最大值,即 $a[0]$;当 $n>1$ 时,若能求得其前 $n-1$ 个数据的最大值,再与第 n 个数进行比较,便能求出 n 个数的最大值。问题的关键是如何求得其前 $n-1$ 个数据的最大值,其求法与 n 个数时是相同的。

3. 算法说明

算法说明参见表 6-5。

表 6-5

类 型	名 称	代表的含义
算法	maximum(float a[], int n)	递归法求解最大值问题
形参数组	a	存储输入的数据
形参变量	n	输入数据个数
变量	max	存储最大值

4. 算法设计

```c
#include "stdio.h"
float maximum(float a[],int n)
{
    float max;
    if(n==1)
        return a[0];
    max=maximum(a,n-1);
    if(max<a[n-1])
        max=a[n-1];
    return max;
}
void main()
{
    int i,n;
    float a[100],max;
    printf("请输入数据的个数 n=");
    scanf("%d",&n);
    printf("请输入每个数据,用空格分隔。\n");
    for(i=0;i<n;i++)
        scanf("%f",&a[i]);
    printf("最大值是:%.2f \n",maximum(a,n));
}
```

5. 运行结果

```
请输入数据的个数n=5
请输入每个数据，用空格分隔。
2.12 3.15 5.55 6.12 4.254
最大值是：6.12
```

6. 算法优化

1）优化说明

该最大值问题可以不用递归法解决,而用选择排序法中的一趟比较求得,且更简单、高效。

首先默认第一个数是最大值,保存到 max 中;然后从第二个数开始逐一与 max 比较,若有比 max 大的数,则存入 max 中,最后 max 中存储的数即为所求最大值。

2) 算法说明

算法说明参见表 6-6。

表 6-6

类 型	名 称	代表的含义
算法	maximum2(float a[],int n)	用一趟选择排序法求解最大值问题
形参数组	a	存储输入的数据
形参变量	n	输入数据个数
变量	max	存储最大的数据

3) 算法设计

```c
#include "stdio.h"
float maximum2(float a[],int n)
{
    int i;
    float max;
    max=a[0];
    for(i=1;i<n;i++)
    {
        if(a[i]>max)
            max=a[i];
    }
    return max;
}
void main()
{
    int i,n;
    float a[100],max;
    printf("请输入数据的个数 n=");
    scanf("%d",&n);
    printf("请输入每个数据,用空格分隔。\n");
    for(i=0;i<n;i++)
        scanf("%f",&a[i]);
    printf("最大值是:%.2f \n",maximum2(a,n));
}
```

6.2.4 求数根

1. 问题描述

输入一个非负整数 x,反复将各个位上的数字相加,直到结果为一位数。例如,输入

589，不是一位数则各个位相加，得到22，仍不是一位数，继续各个位相加，得到4，是一位数，直接输出结果。

2. 问题分析

这道题的本质是计算自然数 x 的数根。

数根又称数字根（digital root），是自然数的一种性质，每个自然数都有一个数根。对于给定的自然数，反复将各个位上的数字相加，直到结果为一位数，则该一位数即为原自然数的数根。

根据上述题意，问题的递归很明显，对 x 进行 num(x)。当 $x<10$ 时，数根为 x；当 $x>10$ 时，数根为 num($x\%10+$num($x/10$))，即为递归关系式。递归结束条件是 $x<10$。

3. 算法说明

算法说明参见表 6-7。

表 6-7

类　型	名　　称	代表的含义
算法	num(int x)	求解数根问题
形参	x	非负整数
变量	t	输入的非负整数
变量	ret	各位数字之和

4. 算法设计

```
#include<stdio.h>
int num(int x)
{
    int ret =0;
    if (x <10)
    return x;
    else {
    ret =x %10;
    ret +=num(x / 10);          /* 进入下一层 */
}
return num(ret);                /* 对结果进行递归处理 */
}
int main()
{
    int t;
    printf("请输入一个非负整数:");
    scanf(" %d",&t);
    printf("%d\n", num(t));
}
```

5. 运行结果

```
请输入一个非负整数：39
3
```

6. 算法优化

1）优化说明

不使用循环或者递归解决这个问题。

在求解数根问题时可以发现如下规律。

(1) 当一个非负整数不能被 9 整除的时候，这个数的数根等于它除以 9 的余数。

(2) 当一个非负整数能被 9 整除的时候，这个数的数根等于 9。

由此得出数根的性质：num+9 与 num 的数根相同，即一个数加 9 后它的数根不变。因此，有求数根公式：x 的数根 $m=(x-1)\%9+1$。

2）算法说明

算法说明参见表 6-8。

表 6-8

类 型	名 称	代表的含义
算法	num(int x)	求解数根问题
形参	x	非负整数
变量	t	输入的非负整数

3）算法设计

```c
#include<stdio.h>
intnum(int x) {
return (x -1) %9 +1;                /*求数根公式*/
}
int main()
{
int t;
scanf("%d", &t);
printf("%d\n", num(t));
}
```

6.2.5 数组逆置

1. 问题描述

设计算法，将一个数组中的数据逆置。

2. 问题分析

先考虑用递归法解决此问题。将给定的数据存储到数组 $a[]$ 中，不妨假设有 n 个数据。用递归法实现将 $a[0]\sim a[n-1]$ 逆置，实际上，就是首尾互换，即将 $a[0]$ 与 $a[n-1]$

进行互换，接下来就要考虑 $a[1]\sim a[n-2]$ 的逆置，这与原问题具有相同特性，可以递归。那么递归的结束条件是什么呢？当然是对换到中间位置，一定不要换过头，否则又都换回原位了！

3. 算法说明

算法说明参见表 6-9。

表 6-9

类　型	名　称	代表的含义
算法	rev(int a[],int i,int j)	递归法求解数组逆置问题
形参数组	a	存储插入的数据
形参变量	i, j	数组左、右下标
变量	temp	用于临时存储的中间变量

4. 算法设计

```
#include "stdio.h"
void rev(int a[],int i,int j)
{
    int temp;
    if(i<j)
    {
        temp=a[i];
        a[i]=a[j];
        a[j]=temp;
        rev(a,i+1,j-1);              /* 实现数组两端数据的置换 */
    }
}
void main()
{
    int i,n,a[100];
    printf("请输入数据个数 n:");
    scanf("%d",&n);
    printf("请输入 %d 个数据:",n);
    for(i=0;i<n;i++)
        scanf("%d",&a[i]);
    rev(a,0,n-1);
    for(i=0;i<n;i++)
        printf("%5d",a[i]);
}
```

5. 运行结果

```
请输入数据个数n:10
请输入 10 个数据:1 2 3 4 5 6 7 8 9 10
  10   9   8   7   6   5   4   3   2   1
```

6. 算法优化

1）优化说明

上述问题是用递归法解决数组的逆置问题，因为递归调用将占用大量的内存空间，所以算法优化可考虑借用一个中间变量来实现数组存储值的置换。具体实现为：由循环控制上述首尾互换的过程。

2）算法说明

算法说明参见表 6-10。

表　6-10

类　　型	名　　称	代表的含义
算法	rev2(int a[ ],int i,int j)	首尾互换求解数组逆置问题
形参数组	a	存储插入的数据
形参变量	i,j	数组区间的左、右下标
变量	temp	用于临时存储的中间变量

3）算法设计

```c
#include "stdio.h"
void rev2(int a[],int i,int j)
{
    int temp;
    for(i=0;i<=j/2;i++)
    {
        temp=a[i];a[i]=a[j-i];a[j-i]=temp;
    }
}
void main()
{
    int i,n,a[100];
    printf("请输入数据个数 n:");
    scanf("%d",&n);
    printf("请输入 %d 个数据:",n);
    for(i=0;i<n;i++)
        scanf("%d",&a[i]);
    rev2(a,0,n-1);
    for(i=0;i<n;i++)
        printf("%5d",a[i]);
}
```

6.2.6　汉诺塔问题

1. 问题描述

汉诺塔（Hanoi）问题：设 A，B，C 是 3 个塔座。开始时，在塔座 A 上有一叠圆盘（共 n 个），这些圆盘自下而上、由大到小地叠在一起。各圆盘从小到大编号为 $1,2,\cdots,n$，现要求将塔座 A 上的这一叠圆盘移到塔座 B 上，并仍按同样顺序叠置。在移动圆盘时应遵守以下移动规则。

规则 1：每次只能移动一个圆盘。

规则 2：任何时刻都不允许将较大的圆盘压在较小的圆盘之上。

规则 3：在满足规则 1 和规则 2 的前提下，可将圆盘移至 A，B，C 中的任一塔座上。

2. 问题分析

3 个塔座，n 个圆盘。

初始：所有圆盘放在塔座 A，大的在底下，小的在上面。

任务：把圆盘移动到塔座 B，顺序不变，可用塔座 C 辅助。

递归解法如下。

移动圆盘的方法：move(n，tA，tB，tC)。

将 n 个圆盘从 tA（塔座 A）移到 tB（塔座 B），tC（塔座 C）辅助。

可分解为以下 3 个步骤。

步骤 1：将 $n-1$ 个圆盘从 t1 移到 t3，有 move($n-1$，t1，t3，t2)。

步骤 2：将最大的圆盘从 t1 移到 t2。

步骤 3：将 $n-1$ 个圆盘从 t3 移到 t2，有 move($n-1$，t3，t2，t1)。

其实算法非常简单，当盘子的个数为 n 时，移动的次数应等于 2^n-1（有兴趣的可以自己证明试试看）。后来一位美国学者发现一种出人意料的简单方法，只要轮流进行两步操作就可以了。首先把三个塔座按顺序排成品字形，把所有的圆盘按从大到小的顺序放在塔座 A 上，根据圆盘的数量确定塔座的排放顺序：若 n 为偶数，按顺时针方向依次摆放 A、B、C；若 n 为奇数，按顺时针方向依次摆放 A、C、B。

（1）按顺时针方向把圆盘 1 从现在的塔座移动到下一个塔座，即当 n 为偶数时，若圆盘 1 在塔座 A，则把它移动到 B；若圆盘 1 在塔座 B，则把它移动到 C；若圆盘 1 在塔座 C，则把它移动到 A。

（2）把另外两个塔座上可以移动的圆盘移动到新的塔座上，即把非空塔座上的圆盘移动到空塔座上，当两个塔座都非空时，移动较小的圆盘。这一步没有明确规定移动哪个圆盘，你可能以为会有多种可能性，其实不然，可实施的行动是唯一的。

（3）反复进行（1）、（2）操作，最后就能按规定完成汉诺塔的移动。因此结果非常简单，就是按照移动规则向一个方向移动圆盘：如 3 阶汉诺塔的移动：A→C，A→B，C→B，A→C，B→A，B→C，A→C。

3. 算法说明

算法说明参见表 6-11。

表 6-11

类 型	名 称	代表的含义
算法	hanoi(int n,char A,char B,char C)	求解汉诺塔问题算法
形参变量	n	盘子个数
形参变量	A、B、C	3 个塔座

4. 算法设计

```c
#include "stdio.h"
void hanoi(int n,char A,char B,char C)
{
    if(n==1)
    {
        printf("Move disk %d from %c to %c\n",n,A,C);
    }
    else
    {
        hanoi(n-1,A,C,B);
        printf("Move disk %d from %c to %c\n",n,A,C);
        hanoi(n-1,B,A,C);
    }
}
void main()
{
    int n;
    char A,B,C;
    scanf("%d",&n);
    hanoi(n,'A','B','C');                  /*字符常量 A、B、C 分别代表三个位置*/
}
```

5. 运行结果

```
3
Move disk 1 from A to C
Move disk 2 from A to B
Move disk 1 from C to B
Move disk 3 from A to C
Move disk 1 from B to A
Move disk 2 from B to C
Move disk 1 from A to C
```

6.3 小 结

递归法是设计和描述算法的一种有效方法,它更侧重于算法,而非算法策略。递归通常用来解决"结构自相似"的问题。所谓结构自相似,是指构成原问题的子问题与原问题在结构上相似，可以用类似的方法解决。也就是说，整个问题的解决，可以分为两部分：第一部分是一些特殊情况，有直接的解法；第二部分与原问题相似，但比原问题的规模小。实际上，递归就是把一个不能或不好解决的大问题转化为一个或几个小问题，再把这些小问题进一步分解成更小的小问题，直至每个小问题都得到解决。

递归算法设计的关键在于寻找递归关系，给出递归关系式，设置递归终止（边界）条件，从而控制递归。实际上，递归关系就是使问题向边界条件转化的规则。递归关系能使问题越来越简单，规模越来越小。

习　　题

6-1　求 n 个整数的平均值。

6-2　用递归的方法求 $1+2+3+\cdots+n$ 的值。

6-3　用递归算法求 $1\times2\times3\times\cdots\times n$ 的值。

6-4　数的全排列问题，将 n 个数字 $1,2,\cdots,n$ 的所有排列按字典顺序枚举出来。

6-5　数的组合问题。从 $1,2,\cdots,n$ 中取出 m 个数，将所有组合按照字典顺序列出。例如 $n=3,m=2$ 时，输出：

　　　1　　　2

　　　1　　　3

　　　2　　　3

6-6　求两个数的最小公倍数，两个数由键盘输入。

6-7　输入一个数，求这个数的各位数字之和。

6-8　输入一个十进制两位数，将十进制转换为二进制输出。

6-9　计算 $M=\max(a,b,c)/[\max(a+b,b,c)\times\max(a,b,b+c)]$，其中 a,b,c 由键盘输入。

6-10　一楼梯有 N 阶，上楼可以一步上一阶，也可以一次上两阶。编写程序，计算共有多少种不同的走法。

6-11　一只青蛙一次可以跳上 1 级台阶，也可以跳上 2 级……还可以跳上 n 级。求该青蛙跳上一个 n 级的台阶（n 为正整数）总共有多少种跳法。

6-12　把一个整数 n 无序划分成 k 份，求互不相同的正整数之和的方法总数。

6-13　用递归的方法求 N 个数中最大的数及其位置。

6-14　写出折半查找的递归算法。

6-15　写出快速排序法的递归算法。

6-16　用递归算法求 n 个数的平均数。

6-17　利用递归算法求杨辉三角形。

6-18　利用递归算法求 $s(n)=s(n-1)+s(n-2)$ 的第 n 项，其中 $s(1)=s(2)=1$。

6-19　用递归实现十进制转换为八进制。

6-20　利用递归实现全排序。

6-21　求数组中的最小数。

6-22　给定一个字符串形式的数字序列,请问能否由这个字符串拆分成一个累加序列。累加序列即至少包含三个数,除了最开始的两个数外,每个数都是前两个数之和。如果能则输出 true,否则输出 false。

6-23　有 n 个硬币(n 为偶数)正面朝上排成一排,每次将 $n-1$ 个硬币翻成反面朝上。编写程序,让计算机把翻硬币的最简过程及翻币次数打印出来(用 1 代表正面,用 0 代表反面)。

6-24　已知一个一维数组 $A[N]$($N<50$)及整数 M,如能使数组 A 中任意几个元素之和等于 M,则输出 YES,反之则为 NO。

6-25　用递归求解八(N)皇后问题。说明:在 8×8 格的国际象棋上(图 6-1)摆放八个皇后,使其不能互相攻击,即任意两个皇后都不能处于同一行、同一列或同一斜线上,问有多少种摆法?

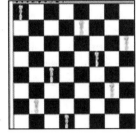

图　6-1

6-26　一个人赶着鸭子去每个村庄卖,每经过一个村子卖掉所赶鸭子的一半多一只,这样他经过了 7 个村子后还剩两只鸭子,问他出发时共赶了多少只鸭子?经过每个村子卖出多少只鸭子?

6-27　自然数的拆分问题。给定自然数 n,将其拆分成若干自然数的和,输出所有解,每组解中数字按从小到大排列,相同数字的不同排列算一组解。

例如:

$3=1+1+1$

$3=1+2$

$3=3$

6-28　要求找出具有下列性质的数的个数(包含输入的自然数 n)。

先输入一个自然数 n($n\leqslant500$),然后对此自然数按照如下方法进行处理。

(1) 不作任何处理。

(2) 在它的左边加上一个自然数,但该自然数不能超过原数首位数字的一半。

(3) 加上数后,继续按此规则进行处理,直到不能再加自然数为止。

样例如下。

输入:6

满足条件的数为:

$$6$$
$$16$$
$$26$$
$$126$$
$$36$$
$$136$$

输出:6

6-29　数学宝塔。从最顶层走到最底层,每次只能走到下一层的左边或右边的数字,求出使所走到的所有数字之和为 60 的途径。

```
                        7
                     4     6
                  6     9     3
               6     3     7     1
            2     5     3     2     8
         5     9     4     7     3     2
      6     4     1     8     5     6     3
   3     9     7     6     8     4     1
2     5     7     3     5     7     8     4     2
```

6-30 设 s 是一个具有 n 个元素的集合 $s = \{a1, a2, \cdots, an\}$，现将 s 集合划分成 k 个满足下列条件的子集合 $s1, s2, s3, \cdots$：

(1) $si \neq$ 空；

(2) $si \cap sj =$ 空；

(3) $s1 \cup s2 \cup s3 \cup \cdots \cup sn-1 \cup sn = s$ $(1 \leqslant i, j \leqslant k, i \neq j)$

则称 $s1, s2, \cdots, sn$ 是集合 s 的一个划分，它相当于把集合 s 中的 n 个元素放入 k 个无标号的盒子中，使得没有一个盒子为空，试确定 n 个元素的集合放入 k 个无标号盒子的划分数 $s(n, k)$。

6-31 任何一个正整数都可以用 2 的幂次方表示。例如，$137 = 2^7 + 2^3 + 2^0$。同时约定次方用括号来表示，即 a^b 可表示为 $a(b)$。由此可知，137 可表示为 $2(7) + 2(3) + 2(0)$，进一步，$7 = 2^2 + 2 + 2^0$（2^1 用 2 表示），$3 = 2 + 2^0$，所以 137 最后可表示为 $2(2(2) + 2 + 2(0)) + 2(2 + 2(0)) + 2(0)$。又如 $1315 = 2^{10} + 2^8 + 2^5 + 2 + 1$，最后可表示为 $2(2(2 + 2(0)) + 2) + 2(2(2 + 2(0))) + 2(2(2) + 2(0)) + 2 + 2(0)$。

输入：正整数（$n \leqslant 20\,000$）。

输出：符合约定的 n 的 0，2 表示（在表示中不能有空格）。

第 **7** 章 枚 举 法

7.1 算法设计思想

枚举法(也称穷举法)是一种蛮力策略,既是一种简单而直接地解决问题的方法,也是一种应用非常普遍的方法。它是根据问题中的给定条件将所有可能的情况一一列举出来,从中找出满足问题条件的解。此方法通常需要用多重循环来实现,对每个变量的每个值都测试是否满足给定的条件,满足条件就找到了问题的一个解。但是,用枚举法设计的算法其时间复杂度通常都是指数级的。

用枚举法解决问题时,通常可以从以下两方面进行算法设计。

(1) 找出枚举范围:分析问题涉及的各种情况。

(2) 找出约束条件:分析问题的解需要满足的条件,并用表达式表示出来。

7.2 典型例题

7.2.1 百鸡问题

1. 问题描述

公元前 5 世纪,我国数学家张丘建在《算经》一书中提出了有趣的百鸡问题:鸡翁一值钱五,鸡母一值钱三,鸡雏三值钱一。百钱买百鸡,问鸡翁、鸡母、鸡雏各几何?

2. 问题分析

这是一道典型的枚举类数学问题,分析如下。

(1) 设鸡翁、鸡母、鸡雏分别买 x,y,z 只,依题意可以列出方程组:

$$\begin{cases} x+y+z=100 \\ 5x+3y+z/3=100 \end{cases}$$

这里有三个未知数、两个方程,可能有多组解。根据题意只应当求解出正整数解。

(2) 应用枚举法设计算法,需要使用三重循环。根据可能性作分析,不难确定可能的取值范围如下。

① 鸡翁 x：0～19，不可能大于或等于 20，否则不能买到 100 只鸡。

② 鸡母 y：0～32，不可能大于或等于 33，否则不能买到 100 只鸡。

③ 鸡雏 z：3～98，且应是 3 的倍数。

（3）解的判断条件：如果 x,y,z 的值同时满足两个方程，则是问题的一组解。

3. 算法说明

算法说明参见表 7-1。

表　7-1

类　　型	名　　称	代表的含义
算法	cock()	求解百鸡问题
变量	x	鸡翁只数
变量	y	鸡母只数
变量	z	鸡雏只数

4. 算法设计

```
#include "stdio.h"
void cock()
{
    int x,y,z;
    printf("\tx\ty\tz\n");
    for(x=0;x<20;x++)
        for(y=0;y<33;y++)
            for(z=3;z<99;z+=3)
                if(x+y+z==100&&5*x+3*y+z/3==100)
                    printf("\t%d\t%d\t%d\n",x,y,z);
}
void main()
{
    cock();
}
```

5. 运行结果

```
x          y          z
0          25         75
4          18         78
8          11         81
12         4          84
```

6. 算法优化

• 算法优化一

1）优化说明

因为程序运行的时间长短与枚举的次数成正比，所以为了提高程序运行的速度，需要尽可能降低循环嵌套的层数、减少选择判断的次数。下面讨论本例题的优化算法。

实际上，由于 $z=100-x-y$，因此该算法可以只用双重循环实现，在数学上做一点小变换即可。

2）算法说明

算法说明参见表 7-1。

3）算法设计

```
#include "stdio.h"
void cock()
{
    int x,y,z;
    printf("\tx\ty\tz\n");
    for(x=0;x<20;x++)
        for(y=0;y<33;y++)
        {
        z=100-x-y;
        if(z%3==0&&5*x+3*y+z/3==100)
            printf("\t%d\t%d\t%d\n",x,y,z);
        }
}
void main()
{
    cock();
}
```

- 算法优化二

1）优化说明

根据题意，可将原三元一次方程组中的变量 x 看作常量，方程组变换为：

$$\begin{cases} 9y+z=300-15x \\ y+z=100-x \end{cases}$$

优化得：

$$\begin{cases} y=25-7x/4 \\ z=75+3x/4 \end{cases}$$

显然，x 应该是 4 的整数倍。

2）算法说明

算法说明参见表 7-1。

3）算法设计

```
void cock()
{
    int x,y,z;
    printf("\tx\ty\tz\n");
    for(x=0;x<20;x+=4)
```

```
    {   y=25-7 * x/4;
        z=75+3 * x/4;
        if(y>=0&&y<33&&z<99)
        printf("\t%d\t%d\t%d\n",x,y,z);
    }
}
```

7.2.2 水仙花数

1. 问题描述

所谓"水仙花数"是指一个三位数，其各位数字立方和等于该数本身。例如，153 是一个水仙花数，因为 $153=1\times1\times1+5\times5\times5+3\times3\times3$。求出所有的水仙花数。

2. 问题分析

设 s 为任意一个三位数，其个位、十位、百位数字分别为 a、b、c，可知 a、b 的取值范围为 $0\sim9$；c 的取值范围为 $1\sim9$。依照上述题意可列出表达式：$s=100\times c+10\times b+a$，如果满足 $s=a\times a\times a+b\times b\times b+c\times c\times c$，那么这个数就是水仙花数。

3. 算法说明

算法说明参见表 7-2。

表 7-2

类 型	名 称	代表的含义
算法	daf()	求解水仙花数问题
变量	s	一个三位数
变量	a	三位数的个位数字
变量	b	三位数的十位数字
变量	c	三位数的百位数字

4. 算法设计

```c
#include "stdio.h"
int daf()
{
    int a,b,c,s;
    for(c=1;c<=9;c++)
    {
        for(b=0;b<=9;b++)
        {
            for(a=0;a<=9;a++)
            {
                s=100 * c+10 * b+a;
                if(s==a * a * a+b * b * b+c * c * c)
```

```
                printf("%4d\n",s);
            }
        }
    }
}
void main()
{
    daf();
}
```

5. 运行结果

```
153
370
371
407
```

6. 算法优化

1) 优化说明

上述描述的是一般算法,采用了三重循环嵌套,虽然结果正确,但是算法效率很低。本优化算法采用另外一种思路来求解水仙花数问题。

(1) 设 s 为任意一个三位数,其个位、十位、百位数字分别为 a、b、c。

(2) 分解 s 求出 a、b、c,即 $a = s \% 10$;$b = (s \% 100)/10$;$c = s/100$。

(3) 解的判断条件:如果 s,a,b,c 满足等式 $s = a \times a \times a + b \times b \times b + c \times c \times c$,则是问题的一个解。

2) 算法说明

算法说明参见表 7-2。

3) 算法设计

```c
#include "stdio.h"
int sxh()
{
    int s;
    for(s=100;s<=999;s++)
    {
        int a,b,c;
        c=s/100;                    /* 百位数 */
        b=(s%100)/10;               /* 十位数 */
        a=s%10;                     /* 个位数 */
    if(s==a*a*a+b*b*b+c*c*c)
        printf("%4d\n",s);
    }
}
int main()
{
    sxh();
}
```

7.2.3　完数

1. 问题描述

如果某个数恰好等于它的因子之和，这个数就称为"完数"。例如，6＝1＋2＋3（6 的因子是 1,2,3）。求出 1000 以内的所有完数，并打印出它的因子。

2. 问题分析

（1）设 i 为 1000 以内的任意一个整数，令 j 是小于 i 的整数，如果 j 是 i 的因子，就累加 j，所有因子之和用 sum 表示，如果 $i=sum$，那么 i 就是完数，否则不是。

（2）应用枚举法设计算法，需要双重循环。根据可能性进行分析，不难确定可能的取值范围如下。

① i：2～1000，每个数都需要判断是否为完数。

② j：1～$i/2$，i 的因子不可能大于 $i/2$。

3. 算法说明

算法说明参见表 7-3。

表　7-3

类　　型	名　　称	代表的含义
算法	per(int m,int n)	枚举法求完数
形参变量	m,n	求完数的整数区间
变量	sum	存储所有因子之和

4. 算法设计

```c
#include "stdio.h"
void per(int m,int n)
{
    int i,j,sum;
    for(i=m;i<=n;i++)
    {
        sum=0;
        for(j=1;j<=i/2;j++)
            if(i%j==0)
                sum+=j;
        if(sum==i){
            printf("%d its factors are:",i);
            for(j=1;j<=i/2;j++)
            {
                if(i%j==0)                  /*通过 i%j==0,判断因子,如果是直接输出*/
                    printf("%d ",j);
            }
```

```
        printf("\n");
        }
    }
}
void main()
{
    per(2,1000);
}
```

5. 运行结果

```
6 its factors are:1 2 3
28 its factors are:1 2 4 7 14
496 its factors are:1 2 4 8 16 31 62 124 248
```

6. 算法优化

1) 优化说明

针对上面的算法,可在本优化算法中使用数组 $a[\ ]$ 来存储数 i 的因子。若 $i\%j==0$,则 j 是 i 的因子,应存放在数组 a 中,减少一层 for 循环的使用,提高程序的运行速度和效率。

2) 算法说明

算法说明参见表 7-4。

表　7-4

类　　型	名　　称	代表的含义
算法	per2(int m,int n)	枚举法求完数
形参变量	m,n	求完数的整数区间
变量	sum	所有因子之和
一维数组	a	存储因子的数组

3) 算法设计

```
#include "stdio.h"
void per2(int m,int n)
{
    int i,j,sum,k,a[40];
    for(i=m;i<=n;i++)
    {
        k=0;
        sum=0;
        for(j=1;j<=i/2;j++)
        if(i%j==0)                  /* 判断变量 j 是否是变量 i 的因子 */
        {
            sum=sum+j;
            a[k]=j;                 /* 利用数组,存储因子 */
```

```
            k++;
        }
        if(sum==i)         /* 判断变量 i 是否与 sum 相等,相等即为完数 */
        {
            printf("%d its factors are:",i);
            for(j=0;j<k;j++)
            {
                printf("%d ",a[j]);
            }
            printf("\n");
        }
    }
}
void main()
{
    per2(2,1000);
}
```

7.2.4 可逆素数

1. 问题描述

可逆素数是指一个素数将其各位数字的顺序倒过来构成的反序数也是素数。求出 100~1000 范围内的可逆素数。

2. 问题分析

先求出 100~1000 范围内的素数 i，然后把这个素数倒转过来（例如 107 倒转变成 701），如果倒转之后的数也是素数，那么就输出这个数和倒转之后的数。

3. 算法说明

算法说明参见表 7-5。

表　7-5

类　型	名　称	代表的含义
算法	isPrime(int n)	判断一个数是否是素数
算法	turn(int n)	将一个数字各位数字的顺序倒过来
形参变量	n	输入一个数
变量	i	100~1000 范围内的一个数
变量	j	i 开平方得到的数
变量	a	数 i 的百位数字
变量	b	数 i 的十位数字
变量	c	数 i 的个位数字
变量	cnt	计数

4. 算法设计

```c
#include "stdio.h"
#include "math.h"
int isPrime(int n)
{
    int i;
    double j;
    j=sqrt(n);
    for(i=2;i<=j;i++)
    {
        if(n%i==0)                              /* 判断是否是素数 */
        {
            return (0);
        }
    }
    return (1);
}
int turn(int n)                                 /* 实现数的逆置 */
{
    int a,b,c;
    a=n/100;
    b=n%100/10;
    c=n%10;
    return c*100+b*10+a;
}
int main()
{
    int i,cnt=0;
    for (i=101; i<1000; i+=2)
    {
        if(isPrime(i)&&isPrime(turn(i))&&i<turn(i))     /* 判断是否是可逆素数 */
        {
            printf("(%d %d)   ",i, turn(i));
            cnt++;
            if (cnt%5==0)
            printf("\n");
        }
    }
}
```

5. 运行结果

```
(107 701)    (113 311)    (149 941)    (157 751)    (167 761)
(179 971)    (199 991)    (337 733)    (347 743)    (359 953)
(389 983)    (709 907)    (739 937)    (769 967)
```

6. 算法优化

1）优化说明

本例题可通过减少循环执行的次数来优化算法。具体方法是在算法中优化 for 循环的 if 语句。首先判断百位上的数是否为奇数，若不是，则其各位数字的顺序倒过来构成的反序数必不为素数，因此不用进行可逆素数判断，直接进入下次循环。

2）算法说明

算法说明参见表 7-5。

3）算法设计

```c
#include "stdio.h"
#include "math.h"
int isPrime(int n)
{
    double j;
    int i;
    j=sqrt(n);
    for(i=2;i<=j;i++)
    {
        if(n%i==0)                    /* 判断是否为素数 */
        {
            return (0);
        }
    }
    return (1);
}
int turn(int n)
{
    int a,b,c;
    a=n/100;
    b=n%100/10;
    c=n%10;
    return c*100+b*10+a;
}
int main()
{
    int i,cnt=0;
    for (i=101; i<1000; i+=2)
    {
    if ((i/100)%2==0)
    {
        i=i+100;
        continue;                     /* 只判断百位上为奇数的数 */
```

```
    }
    if (isPrime(i)==0)              /* 判断是素数,继续判断是否为可逆素数 */
        continue;                   /* 否则进入下一循环 */
    else
        if(isPrime(turn(i))&&i<turn(i))
        {
            printf("(%d %d)  ",i, turn(i));
            cnt++;
            if (cnt%5==0)
            printf("\n");
        }
    }
    printf("\n");
}
```

7.2.5 钱币兑换问题

1. 问题描述

用 50 元兑换面值为 1 元、2 元、5 元的纸币共 25 张。每种纸币不少于 1 张,求出每种兑换方案中 1 元、2 元、5 元的纸币各多少张。

2. 问题分析

(1) 设 1 元,2 元,5 元的纸币分别为 x,y,z 张,依题意可列方程组:

$$\begin{cases} x+y+z=25 \\ x+2y+5z=50 \end{cases}$$

这里有三个未知数、两个方程,可能有无穷多组解。根据题意只应求正整数解。

(2) 应用枚举法设计算法,需要使用三重循环。根据可能性分析,不难确定可能的取值范围如下。

① 1 元纸币数量 x:1～23,每种纸币数量不能少于 1 张。

② 2 元纸币数量 y:1～22,每种纸币数量不能少于 1 张,1 元纸币和 5 元纸币各 1 张,50 元还剩下 44 元,2 元纸币最多只能有 22 张。

③ 5 元纸币数量 z:1～8,每种纸币数量不少于 1 张,5 元纸币数量最多为 8 张。

3. 算法说明

算法说明参见表 7-6。

表 7-6

类　　型	名　　称	代表的含义
算法	solve()	求解钱币兑换问题
变量	x	1 元纸币数量
变量	y	2 元纸币数量
变量	z	5 元纸币数量

4. 算法设计

```
void solve()
{
int x, y, z;
    for(x =1; x <=23; x++)
    {
        for(y =1; y <=22; y++)
        {
            for(z =1; z <=8; z++)
            {
                if(x +y +z ==25 && x +2 * y +5 * z ==50)
                {
                    printf("1元%d张,2元%d张,5元%d张\n",x, y, z);
                }
            }
        }
    }
}
int main()
{
    solve();
    return 0;
}
```

5. 运行结果

```
1元3张， 2元21张， 5元1张
1元6张， 2元17张， 5元2张
1元9张， 2元13张， 5元3张
1元12张， 2元9张， 5元4张
1元15张， 2元5张， 5元5张
1元18张， 2元1张， 5元6张
```

6. 算法优化

1）优化说明

前面的算法对 1 元、2 元、5 元分别枚举，进行三层循环，再根据纸币张数以及总和进行判断。其实完全可以进行两层循环就得出结果。因为纸币的总张数是 25，1 元 x 张，2 元 y 张，那么 5 元的只能是 $25-x-y$ 张，所以就不用进行第三层循环了。

2）算法说明

算法说明参见表 7-6。

3）算法设计

```
#include "stdio.h"
void slove()
{
```

```
    int x, y, z;
    for(x =1; x <=23; x++)
    {
        for(y =1; y <=22; y++)
        {
            z =25 - x - y;
            if(x +2 * y +5 * z ==50)
            {
                printf("1元%d张,2元%d张,5元%d张\n", x, y, z);
            }
        }
    }
}
int main()
{
    slove();
    return 0;
}
```

7.2.6　求数值平衡数

1. 问题描述

如果整数 x 满足"对于每个数位 d，d 恰好在 x 中出现 d 次"，那么整数 x 就是一个数值平衡数。给定一个整数 n，试求出大于 n 的最小数值平衡数，n 的范围是 $0 \leqslant n \leqslant 10^6$。

例如，输入 $n = 1000$，输出 1333。

2. 问题分析

根据题意可知，若要找出 n 的下一个数值平衡数，只需要从 $n+1$ 开始循环，判断每一个数是不是数值平衡数。接下来，问题的关键是如何判断数值平衡数。

可以根据数值平衡数的定义判断，假如要判断 n 是不是数值平衡数，可以先建立一个数组 num[10]，并赋初值 0，这个数组表示的是 n 中各个数字出现的次数，若数值与其出现的次数相等，就是数值平衡数，反之则不是。

3. 算法说明

算法说明参见表 7-7。

表　7-7

类　　型	名　　称	代表的含义
算法	isBalance(int m)	判断是否是数值平衡数
形参变量	m	整数
算法	solve(n)	寻找下一个数值平衡数

类　　型	名　　称	代表的含义
形参变量	n	输入整数
一维数组	num[10]	记录数的各个位出现的次数

4. 算法设计

```c
#include "stdio.h"

int isBalance(int m)
{
    int i, num[10] ={0};
    while(m)
    {
        num[m%10]++;
        m/=10;
    }
    for(i =0; i <10; i++)
    {
        if(num[i] !=0 && num[i] !=i)
            return 0;
    }
    return 1;
}
int slove(int n)
{
    n++;
    while(1)
    {
        if(isBalance(n))
        {
            return n;
        }
        n++;
    }
}

int main()
{
    int n;
    scanf("%d", &n);
    printf("%d", slove(n));
    return 0;
}
```

5. 运行结果

```
3000
3133
```

6. 算法优化

1）优化说明

可以对数值平衡数判断进行优化,只要存在一个数字,那么它的位数最低为 1,因为数字 0 不可能是数值平衡数,0 出现次数最少也为 1,其出现次数与数值并不相等;满足题目最大数字为 10^6,则位数最大为 7。综上所述,不存在数值平衡数含有 0、8、9 的情况。

2）算法说明

算法说明参见表 7-7。

3）算法设计

```c
#include "stdio.h"
int isBalance(int m)
{
    int i, num[8] = {0};
    while(m)
    {
        if(m % 10 == 0 || m % 10 > 7) return 0;
        num[m % 10]++;
        m /= 10;
    }
    for(i = 1; i < 8; i++)
    {
        if(num[i] != 0 && num[i] != i)
            return 0;
    }
    return 1;
}
int slove(int n)
{
    n++;
    while(1)
    {
        if(isBalance(n))
        {
            return n;
        }
        n++;
    }
}
```

```
int main()
{
    int n;
    scanf("%d", &n);
    printf("%d", slove(n));
    return 0;
}
```

7.2.7 狱吏问题

1. 问题描述

某国王对囚犯进行大赦，让狱吏 n 次通过一排锁着的 n 间牢房，每通过一次，按既定规则转动 n 间牢房中的某些门锁，每转动一次，原来锁着的被打开，原来打开的被锁上；通过 n 次后，门锁开着的牢房中的犯人则获释，反之不得获释。

转动门锁的规则如下：第一次通过牢房，要转动每一把门锁，即把全部锁打开；第二次通过牢房时，从第二间开始转动，每隔一间转动一次；第 k 次通过牢房，从第 k 间开始转动，每隔 $k-1$ 间转动一次。问通过 n 次后，哪些牢房的锁仍然是打开的？

2. 问题分析

可对转动门锁的规则进行如下简化。

第一次转动的是编号为 1 的倍数的牢房，第二次转动的是编号为 2 的倍数的牢房，第三次转动的是编号为 3 的倍数的牢房，以此类推，这样一来，狱吏问题便可被转化为关于因子个数的问题。

对于整数 n 的因子个数 s，有的为奇数，有的为偶数。由于牢房的门起初是关闭的，因此编号为 i 的牢房，所含 1~i 不重复因子个数为奇数时，牢房最后是打开的，反之，牢房最后是关闭的。

因此，只需找到因子个数为奇数的牢房号，即满足 s 除以 2 的余数为 1 的牢房的门是开着的。

3. 算法说明

算法说明参见表 7-8。

表 7-8

类 型	名 称	代表的含义
算法	warder(int n)	枚举法求解狱吏问题
形参变量	n	牢房总数
变量	s	计数

4. 算法设计

```
#include "stdio.h"
```

```
void warder(int n)
{
    int s,i,j;
    for (i=1; i<=n;i++)
    {
        s=1;
        for (j=2; j<=i; j++)
            if (i%j==0)
                s++;
        if (s%2==1)
            printf("%d is  free\n",i);
    }
}
void main( )
{
    int n;
    printf("请输入 n 的值:");
    scanf("%d",&n);
    warder(n);
}
```

5. 运行结果

```
请输入n的值:15
1 is free
4 is free
9 is free
```

6. 算法优化

1）优化说明

因为程序运行的时间长短与枚举的次数成正比,所以为了提高程序运行的速度,需要尽可能降低循环嵌套的层数、减少选择判断的次数。狱吏问题其实就是一个数学问题,当且仅当 n 为完全平方数时,n 的因子个数为奇数,因此只需找出小于 n 的完全平方数。

2）算法说明

算法说明参见表 7-9。

表　7-9

类　型	名　称	代表的含义
算法	warder2(int n)	枚举法求解狱吏问题
形参变量	n	牢房总数
变量	i	门房号
数组	a[]	存储完全平方数

3）算法设计

```
#include "stdio.h"
#include "math.h"
```

```
int warder2(int n)
{
    int a[10000];
    int i,j=0,temp;
    for(i=1;i<=n;i++)
    {
        temp=(int)sqrt(i);
        if(temp * temp==i)
        a[j++]=i;
    }
    for(i=0;i<j;i++)
        printf("%d is free\n",a[i]);
}
void main()
{
    int n;
    printf("请输入 n 的值:");
    scanf("%d",&n);
    warder2(n);
}
```

7.3 小 结

枚举法既是一个策略，也是一个算法，还是一种分析问题的手段。枚举法的求解思路很简单，就是对问题的所有可能的解逐一尝试，从而找到问题的真正解。当然，这就要求所解问题的可能解是有限的、固定的、容易枚举的。枚举法多用于决策类问题，这类问题往往不易找出大小规模间问题的关系，也不易对问题进行分解，因此才用尝试的方法对整体求解。

枚举法算法的实现依赖于循环，通过循环嵌套枚举问题中各种可能的情况。对于规模不固定的问题则无法用固定重数的循环嵌套来枚举，其中有的问题通过变换枚举对象，进而可以用循环嵌套枚举实现；但更多的任意指定规模的问题是靠递归或非递归回溯法，通过"枚举"或"遍历"各种可能情况来求解问题的。

习 题

7-1 求 1～1000 的所有偶数并打印出来（每行 5 个数）。

7-2 求 1～1000 的所有素数。

7-3 钞票换硬币。把 1 元钞票换成 1 分、2 分、5 分硬币（每种至少一枚），有哪些换法？

7-4 在 100～999 的自然数中，找出能被 3 整除，且至少有一位数字为 5 的所有整数，并统计个数。

7-5　求 1～1000 中能被 3 整除的数并一一列举出来。

7-6　一张单据上有一个 5 位数编号,万位数是 1,千位数是 4,百位数是 7,个位数、十位数已经模糊不清。该 5 位数是 57 或 67 的倍数,输出所有满足这些条件的 5 位数的个数。

7-7　设三个正整数 a,b,c 满足 $a^2+b^2=c^2$ 则称 a,b,c 为一组勾股数。求出所有 $c<1000$ 的勾股数。

7-8　邮局发行一套有 4 种不同面值的邮票,如果每封信所贴邮票数不超过 3 枚,存在整数 R,使得用不超过 3 枚的邮票,可以贴出连续的整数 1、2、3、…、R,找出这 4 种面值数,使得 R 值最大。

7-9　自然数 1～N 从左到右排列,在相邻两个数之间添加一个"＋"或"－",使所得式子的代数和等于自然数 k,$k=n(n+1)/2(n\leqslant16)$。例如 $n=5,k=3$,可得到下列等式:$1-2+3-4+3$。输入 $n、k$,输出所有符合要求的等式。

7-10　有 8 张卡片,上面分别写着自然数 1～8。从中取出 3 张,要使这 3 张卡片上的数字之和为 9,问有多少种不同的取法?

7-11　课外小组组织 30 人做游戏,按 1～30 号排队报数。第一次报数后,单号全部站出来。以后每次余下的人中第一个人开始站出来,隔一人站出来一人。到第几次这些人全部站出来了? 最后站出来的人应是第几号?

7-12　求 $x^2+y^2=2000$ 的所有正整数解。

7-13　求所有的三位数,它除以 11 所得的余数等于它的三个数字的平方和。

7-14　两人见面要握一次手,按这样规定,6 人见面共要握多少次手?

7-15　已知 $A、B、C、D$ 为自然数,且 $A\times B=24,C\times D=32,B\times D=48,B\times C=24$,求 $A、B、C、D$ 的和是多少?

7-16　百马百担问题:有 100 匹马,驮 100 担货。大马驮 3 担,中马驮 2 担,两匹小马驮 1 担,问大、中、小马各多少?

7-17　今有鸡兔同笼,共有 35 个头,94 只脚,问鸡兔各有几只?

7-18　给定一个二元一次方程 $aX+bY=c$,从键盘输入 a,b,c 的数值,求 X 在 $[0,100]$,Y 在 $[0,100]$ 范围内的所有整数解。

7-19　将 1,2,…,9 共 9 个数分成三组,分别组成三个三位数,且使这三个三位数构成 1∶2∶3 的比例,试求出所有满足条件的三个三位数。

7-20　在前 1000 个奇自然数中,计算恰好有三位为 1 的二进制数的个数(例如 19 对应的二进制数为 10011,是一个符合题目要求的数字)。

7-21　求 100～1000 有多少个其各位数的数字之和为 5 的整数。

7-22　自守数是指一个数的平方的尾数等于该数自身的自然数,请求出 200 000 以内的自守数。

7-23　3025 这个数具有一种独特的性质,将它平分为两段,即 30 和 25,使之相加后求平方,即 $(30+25)^2$,恰好等于 3025 本身。请求出具有这样性质的全部四位数。

7-24　马克思手稿中有一道趣味数学问题:有 30 个人,其中有男人、女人和小孩,在一家饭馆吃饭花了 50 先令。每个男人花 3 先令,每个女人花 2 先令,每个小孩花 1 先令,问男人、女人和小孩各有几人?

7-25 某参观团按以下条件限制从 A、B、C、D、E 五个地方中选若干参观点:

(1) 如去 A,则必须去 B;

(2) D、E 两地只能去一地;

(3) B、C 两地只能去一地;

(4) C、D 两地都去或都不去;

(5) 若去 E 地,A、D 也必去。

问该团最多能去哪几个地方?

7-26 公安人员审问四名窃贼嫌疑犯。已知这四人当中仅有一名是窃贼,还知道这四人中每人要么总是老实的,要么总是说谎的。在回答公安人员的问题中,甲说:"乙没有偷,是丁偷的。"乙说:"我没有偷,是丙偷的。"丙说:"甲没有偷,是乙偷的。"丁说:"我没有偷。"请根据这四人的答话判定谁是盗窃者。

7-27 两个乒乓球队进行比赛,各出三人。甲队为 a,b,c 三人,乙队为 x,y,z 三人。已抽签决定比赛名单。有人向队员打听比赛的名单。a 说自己不跟 x 比,c 说自己不跟 x,z 比。请编程找出三队赛手的名单。

第 **8** 章 分 治 法

8.1 算法设计思想

分治法是被广泛使用的一种算法设计方法。字面上的解释是"分而治之",就是把一个复杂的问题分成两个或更多的相同或相似的子问题,再把子问题分成更小的子问题,直到最终的子问题可以简单地直接求解,原问题的解即为子问题解的合并。

分治策略:对于一个规模为 n 的问题,若该问题可以容易地解决(如 n 较小),则直接解决,否则将其分解为 k 个规模较小的子问题,这些子问题互相独立且与原问题形式相同,递归地解这些子问题,然后将各子问题的解合并得到原问题的解。这种算法设计策略就是分治法。最常用的分治法是二分法,即每次都将问题分解为原问题规模的一半,如折半查找。

分治法的基本步骤如下。

(1) 分解:将原问题分解为若干个规模较小、相互独立、与原问题形式相同的子问题。

(2) 解决:若子问题规模较小而容易被解决则直接解决,否则再继续分解为更小的子问题,直到容易解决为止。

(3) 合并:将已求解的各个子问题的解逐步合并为原问题的解。合并的代价因情况不同有很大差异,分治法的有效性很大程度上依赖于合并的实现。

8.2 典 型 例 题

8.2.1 折半查找

1. 问题描述

已知一个有序表 R,查找指定的关键字 key,给出查找结果。

2. 问题分析

折半查找又称二分查找,是一种高效的查找方法。它可以明显减少比较次数,提高查找效率。但是,折半查找的先决条件是查找表中的数据元素必须有序。

折半查找过程是典型的分治法中的二分法。下面假设有序表存储到数组 $R[\ ]$ 中，默认为升序；有序表长度为 N，则有 $R[1] \leqslant R[2] \leqslant \cdots \leqslant R[N]$。

折半查找的基本思想是：在数组 $R[1] \sim R[N]$ 中，首先将待查的关键字与数组中间的元素比较，如果相等，则查找成功；否则，如果前者比后者小，则要查找的数据必然在数组的前半部，此后只需在数组的前半部继续进行折半查找；如果前者比后者大，则要查找的数据必然在数组的后半部，此后只需在数组的后半部继续进行折半查找。

设查找区间的下界用 low 表示，上界用 high 表示，中间值用 mid 表示。初值 low＝1，high＝N，则有 mid＝(low＋high)/2。每次都将 key 与 $R[mid]$ 比较，当成功时，返回数组下标 mid；当失败时，返回－1 或 0 均可。

3. 算法说明

算法说明参见表 8-1。

表 8-1

类 型	名 称	代表的含义
算法	binsearch(int R[], int key)	折半查找
形参数组	R	存储有序表的数据
形参变量	key	待查的关键字
常量	N	有序表的长度
变量	index	查找位置，数组下标

4. 算法设计

```c
#include "stdio.h"
#define N 10
int binsearch(int R[], int key)                    /* 折半查找 */
{
    int low, high, mid;
    low=1;
    high=N;
    mid= (low+high)/2;                             /* 取得中间位置 */
    while(low<=high)
    {
        if(key==R[mid])
            return(mid);
        else if(key<R[mid])                        /* 判断数据在前半段数值中 */
                high=mid-1;
```

```
        else
            low=mid+1;
        mid=(low+high)/2;
    }
    return(0);
}
void main()
{
    int i,num,index;
    int a[N+1];
    printf("input 10 numbers:\n");
    for (i=1;i<=N;i++)
        scanf("%d",&a[i]);
    printf("input the number you want:\n");
    scanf("%d",&num);
    index=binsearch(a,num);
    if (index)
        printf("the index of the number is %d",index);
    else
        printf("the number does not exist.");
}
```

5. 运行结果

```
input 10 numbers:
1 2 3 4 5 6 7 8 9 10
input the number you want:
2
the index of the number is 2
```

8.2.2　金块问题

1. 问题描述

一个老板有一袋金块。每个月有两名雇员会因其优异的表现分别被奖励一个金块。按规定：排名第一的雇员得到袋中最重的金块，排名第二的雇员得到袋中最轻的金块。根据这种方式，除非有新的金块加入袋中，否则第一名雇员所得到的金块总是比第二名雇员所得到的金块重。如果有新的金块周期性地加入袋中，则每个月都必须找出最轻和最重的金块。假设有一台比较重量的仪器，希望用最少的比较次数找出最轻和最重的金块。

2. 问题分析

假设袋中有 n 个金块。如果不假思索将袋内的 n 个金块利用排序的方法找出最重的金块和最轻的金块，就太麻烦了！其实，该问题没有必要进行全部排序，而只需使用类似选择排序的一趟排序就可以完成了。

3. 算法说明

算法说明参见表 8-2。

表 8-2

类　　型	名　　称	代表的含义
算法	max_min(float w[],int n)	找最重和最轻的金块
形参数组	w	存储金块重量
形参变量	n	金块数量
全局变量	max	保存最重金块
全局变量	min	保存最轻金块

4. 算法设计

```c
#include "stdio.h"
float max,min;
void max_min(float w[],int n)
{
    int i;
    max=min=w[1];
    for(i=2;i<=n;i++)
        if(w[i]>max)
            max=w[i];
        else if(w[i]<min)
            min=w[i];
}
void main()
{
    float a[100];
    int m,i;
    printf("请输入金块数 n:");
    scanf("%d",&m);
    printf("请输入金块的重量:");
    for(i=1;i<=m;i++)
        scanf("%f",&a[i]);
    max_min(a,m);
    printf("最重金块:%.2f\n",max);
    printf("最轻金块:%.2f\n",min);
}
```

5. 运行结果

```
请输入金块数n:7
请输入金块的重量:8 7 5 6 9 4 5
最重金块: 9.00
最轻金块: 4.00
```

6. 算法说明

1) 优化说明

下面用分治法中常用的二分法解决本问题,可以减少比较的次数。

仔细想一下就会明白,该问题可以表示为:在 n 个数据中找出最大值和最小值。

具体思路是:先将 n 个数据分成两组,分别在每组内找出最大值和最小值,相当于将原问题分解为两个子问题;然后,在两个子问题的解中大者取大,小者取小,即合并为原问题的解。那么,两个子问题怎样求解? 当然还是这个办法! 直到分解每组元素的个数≤2为止,这时,可以简单地找到最大值和最小值。

2) 算法说明

算法说明参见表 8-3。

表　8-3

类　型	名　称	代表的含义
算法	gold(int low,int high,float ＊max,float ＊min)	找最重和最轻的金块
形参指针变量	max	保存最重金块
形参指针变量	min	保存最轻金块
形参变量	low	子问题区间下界
形参变量	high	子问题区间上界
全局数组	w	存储金块重量
变量	n	金块数量

3) 算法设计

```c
#include "stdio.h"
float w[100];
void gold(int low, int high, float * max, float * min)
{
    float x1, x2, y1, y2;
    int mid;
    if(low==high)
        * max= * min=w[low];
    else if ((high-low)==1)                          /* 相等或相邻 */
            if (w[high] >w[low])
            {
                * max=w[high];
                * min=w[low];
            }
            else
            {
                * max=w[low];
                * min=w[high];
```

```
            }
        else
        {
            mid= (low +high)/2;
            gold( low, mid, &x1, &y1);              /* 子问题递归 */
            gold( mid+1, high, &x2, &y2);           /* 子问题递归 */
            * max=(x1 >x2) ?x1 : x2;
            * min=(y1 <y2) ?y1 : y2;
        }
}
void main()
{
    int m,i;
    float max,min;
    printf("请输入金块数 n:");
    scanf("%d",&m);
    printf("请输入金块的重量:");
    for(i=1;i<=m;i++)
        scanf("%f",&w[i]);
    gold(1,m,&max,&min);
    printf("最重金块:%.2f\n",max);
    printf("最轻金块:%.2f\n",min);
}
```

8.2.3　美好字符串

1. 问题描述

当一个字符串 s 包含的每个字母的大写和小写形式同时出现在 s 中,就称这个字符串 s 是美好字符串。比方说,"abABB"是美好字符串,因为'A'和'a'同时出现了,且'B'和'b'也同时出现了。但是,"abA"不是美好字符串,因为'b'出现了,而'B'没有出现。

输入一个字符串 s,请求出 s 最长的美好子字符串。如果有多个答案,请返回最早出现的一个;如果不存在美好子字符串,请返回一个空字符串。

2. 问题分析

题目关于美好字符串的定义为:字符串中的每个字母的大写和小写形式同时出现在该字符串中。检测时,由于英文字母 a 到 z 最多只有 26 个,因此可以利用两个数组 lower 和 upper 进行标记,lower[0]＝1 表示英文字母 a 出现在字符串中,lower[1]＝1 表示英文字母 b 出现在字符串中……;upper[0]＝1 表示英文字母 A 出现在字符串中,upper[1]＝1 表示英文字母 B 出现在字符串中……;反之,等于 0 表示没出现在字符串中,如果满足 lower＝upper,则认为字符串中所有的字符都满足大小写形式同时出现,即可认定该字符串为美好字符串。

题目要求如果有多个答案,返回在字符串中最早出现的那个。此时,只需要检测字符串中第一个满足条件的子字符串。

3. 算法说明

算法说明参见表 8-4。

表　8-4

类　　型	名　　称	代表的含义
算法	def(char s[])	求解美好字符串问题
形参数组	s	已知字符串
数组	lower	出现过的小写英文字母
数组	upper	出现过的大写英文字母
变量	maxPos	美好字符串的起始索引
变量	maxLen	美好字符串的长度

4. 算法设计

```
#include<stdio.h>
#include<string.h>
#include<ctype.h>
#include<stdlib.h>
int def(char s[])
{
    int n =strlen(s);
    int maxPos =0;
    int maxLen =0;
    int j,i;
    for (i =0; i <n; ++i)
    {
        int lower[26] ={ 0 };
        int upper[26] ={ 0 };
        int flag;
        for (j =i; j <n; ++j)
        {
            if (islower(s[j]))
                        /* islower()在 ctype.h 库中,判断是否为小写英文字母 */
            {
                lower[(s[j] -'a')]=1;
            }
            else
            {
                upper[(s[j] -'A')]=1;
            }
            for (int m =0; m <26; m++)
```

```
        {
            if (lower[m] ==upper[m])
            {
                flag =1;
            }
            else
            {
                flag =0;
                break;
            }
        }
        if (flag ==1 && j -i +1 >maxLen)
        {
            maxPos =i;
            maxLen =j -i +1;
        }
    }
}

for (int k =maxPos; k <maxPos+maxLen; k++)
{
    printf("%c", s[k]);
}

}
void main()
{
    char s[100];
    scanf("%s",s);
    def(s);
}
```

5. 运行结果

```
AbcBaEfeF
EfeF
```

6. 算法优化

1）优化说明

　　题目要求找到最长的美好子字符串，如果字符串本身就是合法的美好字符串，此时最长的美好符串即为字符串本身。若字符串中含有的部分字符只有大写或者小写形式，那么该字符串肯定不是美好字符串。一个字符串为美好字符串的必要条件是不包含这些非法字符。因此可以利用分治的思想，将字符串从这些非法的字符处切分成若干段，满足要求的最长子串一定出现在某个被切分的段内，而不能跨越一个或多个段。

递归时，maxPos 用来记录最长完美字符串的起始索引，maxLen 用来记录最长完美字符串的长度。

每次检查区间[start,end]中的子字符串是否为美好字符串，如果当前的字符串为合法的美好字符串，则将当前区间的字符串的长度与 maxLen 进行比较和替换；否则依次对当前字符串进行切分，然后递归检测切分后的字符串。

2）算法说明

算法说明参见表 8-5。

表 8-5

类　型	名　称	代表的含义
算法	longestNiceSubstring(char * s)	求美好字符串问题
算法	dfs(const char * s, int start, int end, int * maxPos, int * maxLen)	求美好字符串的起始位置和长度
数组	lower	出现过的小写英文字母
数组	upper	出现过的大写英文字母
形参指针变量	maxPos	美好字符串的起始索引
形参指针变量	maxLen	美好字符串的长度

3）算法设计

```c
#include<stdio.h>
#include<string.h>
#include<ctype.h>
#include<stdlib.h>
void dfs(const char * s, int start, int end, int * maxPos, int * maxLen) {
    if (start >=end) {
        return;
    }
    int lower[26] ={ 0 }, upper[26] ={ 0 };
    for (int i =start; i <=end; ++i) {
        if (islower(s[i]))
        {
            lower[(s[i] -'a')] =1;
        }
        else
        {
            upper[(s[i] -'A')] =1;
        }
    }
    int flag;
    for (int m =0; m <26; m++)
```

```
        {
            if (lower[m] ==upper[m])
        /*如果字母大小写都出现过,则标记 flag=1,否则标记为 0,从此处划分字符串为多段*/
            {
                flag =1;
            }
            else
            {
                flag =0;
                break;
            }
        }
        if (flag) {
            if (end -start +1 > * maxLen ) {
                * maxPos =start;
                * maxLen =end -start +1;
            }
            return;
        }
        for (int p =0; p <26; p++)
        {
            if (lower[p]&& upper[p])
                ;
            else
            {
                lower[p] =0;
                upper[p] =0;
            }
        }
        int pos =start;
        while(pos <=end)
        {
            start =pos;
            while (pos <=end&& lower[tolower(s[pos]) -'a'])
            {
                ++pos;
            }
            dfs(s, start, pos -1, maxPos, maxLen);
            ++pos;
        }
    }
char * longestNiceSubstring(char * s) {
    int maxPos =0, maxLen =0;
```

```
    dfs(s, 0, strlen(s) -1, &maxPos, &maxLen);
    s[maxPos +maxLen] ='\0';
    return s +maxPos;

}
int main()
{
    char s[100];
    scanf("%s",s);
    printf("%s",longestNiceSubstring(s));
}
```

8.2.4 归并排序

1. 问题描述

利用归并方法将一组数据升序排列。

2. 问题分析

归并是指将两个(或两个以上)有序表合并成一个有序表,即把待排序序列分为若干个子序列,每个子序列是有序的,然后再把有序子序列合并为整体有序序列。

归并排序的过程如下。

第一步:申请空间,使其大小为两个已经排序序列之和,该空间用来存放合并后的序列。

第二步:设定两个指针,最初位置分别为两个已有序序列的起始位置。

第三步:比较两个指针所指向的元素,选择相对小的元素放入合并空间,并移动指针到下一位置。

重复第三步,直到某一指针达到序列尾部,将另一序列剩下的所有元素直接复制到合并空间。

归并排序是采用分治法的一个非常典型的应用,即先使每个子序列有序,再将有序的子序列合并,得到更长的有序序列,直至全部数据有序为止。

将两个有序表合并成一个有序表,称为二路归并。下面使用二路归并排序。

3. 算法说明

算法说明参见表8-6。

表 8-6

类 型	名 称	代表的含义
算法	Merge(int low,int m,int high)	实现二路归并
算法	Merge_SortDC(int low,int high)	归并排序
形参变量	low, m, high	存放数组位置下标,表示区间
全局数组	R	存储排序的数据

4. 算法设计

```c
#include "stdio.h"
#include "stdlib.h"
#include "conio.h"
#define MAX 255
int R[MAX];
void Merge(int low,int m,int high)                    /* 实现二路归并 */
{
    int i=low,j=m+1,p=0;                              /* 置初始值 */
    int * R1;                      /* R1 是局部向量,若 p 定义为此类型指针,速度更快 */
    R1=(int * )malloc((high-low+1) * sizeof(int));    /* 为指针申请空间 */
    if(!R1)                                           /* 申请空间失败 */
    {
        puts("Insufficient memory available!");
        return;
    }
    while(i<=m && j<=high)    /* 当两子文件非空时,取其小者输出到 R1[p]上 */
        R1[p++]=(R[i]<=R[j])?R[i++]:R[j++];
    while(i<=m)                /* 若第一个子文件非空,则复制剩余记录到 R1 中 */
        R1[p++]=R[i++];
    while(j<=high)             /* 若第二个子文件非空,则复制剩余记录到 R1 中 */
        R1[p++]=R[j++];
    for(p=0,i=low;i<=high;p++,i++)
        R[i]=R1[p];            /* 归并完成后将结果复制到 R[low..high] */
}
void Merge_SortDC(int low,int high)
{                              /* 用分治法对 R[low..high]进行二路归并排序 */
    int mid;
    if(low<high)
    {                          /* 区间长度大于 1 */
        mid=(low+high)/2;          /* 分解 */
        Merge_SortDC(low,mid);     /* 递归地对 R[low..mid]排序 */
        Merge_SortDC(mid+1,high);  /* 递归地对 R[mid+1..high]排序 */
        Merge(low,mid,high);       /* 组合,将两个有序区归并为一个有序区 */
    }
}
main()
{
    int i,n;
    printf("请输入元素个数:\n");
    scanf("%d",&n);
    if(n<=0||n>MAX)
```

```
    {
        printf("n 大于 0 且小于 %d.\n",MAX);
        getch();
        exit(0);
    }
    printf("请依次输入每个元素:\n");
    for(i=1;i<=n;i++)
        scanf("%d",&R[i]);
    printf("输入的序列为:\n");
    for(i=1;i<=n;i++)
        printf("%4d",R[i]);
    Merge_SortDC(1,n);
    printf("\n 排序后的序列为:\n");
    for(i=1;i<=n;i++)
        printf("%4d",R[i]);
}
```

5. 运行结果

```
请输入元素个数:
8
请依次输入每个元素:
8 6 5 9 7 1 3 4
输入的序列为:
  8   6   5   9   7   1   3   4
排序后的序列为:
  1   3   4   5   6   7   8   9
```

6. 算法优化

1) 优化说明

上述算法可以简化,不用定义指针变量,不需要申请空间,同时也就不需要判断申请空间是否失败。优化后的算法直接定义数组来存储数据,并进行相关运算。

2) 算法说明

算法说明参见表 8-7。

表 8-7

类 型	名 称	代表的含义
算法	merge(int low,int mid,int high)	实现二路归并
算法	mergeSort(int a,int b)	合并排序
形参变量	low, mid, high,a,b	存放数组位置下标,表示区间
数组	is1	原数组
数组	is2	临时空间数组

3) 算法设计

```
#include "stdio.h"
```

```
#define MAX 100
int is1[MAX],is2[MAX];                    /* 原数组 is1,临时空间数组 is2 */
void merge(int low,int mid,int high)
{
    int i=low,j=mid+1,k=low;
        while(i<=mid&&j<=high)
        if(is1[i]<=is1[j])                /* 此处为稳定排序的关键,不能用小于 */
            is2[k++]=is1[i++];
        else
            is2[k++]=is1[j++];
        while(i<=mid)
            is2[k++]=is1[i++];
        while(j<=high)
            is2[k++]=is1[j++];
        for(i=low;i<=high;i++)            /* 写回原数组 */
        {   is1[i]=is2[i];
            printf("%5d",is1[i]); }
            printf("\n");
}
void mergeSort(int a,int b)               /* 合并排序算法 */
{
    if(a<b)
    {
        int mid=(a+b)/2;
        mergeSort(a,mid);
        mergeSort(mid+1,b);
        merge(a,mid,b);
    }
}
void main()
{
    int i,n;
    printf("请输入元素个数:\n");
    scanf("%d",&n);
    if(n<=0||n>MAX)
    {
        printf("n 大于 0 且小于 %d.\n",MAX);
        getch();
        exit(0);
    }
    printf("请依次输入每个元素:\n");
    for(i=1;i<=n;i++)
        scanf("%d",&is1[i]);
```

```
    printf("输入的序列为:\n");
    for(i=1;i<=n;i++)
        printf("%4d",is1[i]);
    mergeSort(1,n);
    printf("\n 排序后的序列为:\n");
    for(i=1;i<=n;i++)
        printf("%4d",is1[i]);
}
```

8.2.5 大整数乘法

1. 问题描述

在某些情况下,需要处理很大的整数,而计算机硬件能直接表示数的范围有限。若要精确地表示大整数,并在计算结果中精确地得到所有位数上的数字,就必须用软件的方法实现大整数的算术运算。请设计一个有效的算法,进行两个 n 位大整数的乘法运算。

2. 问题分析

首先将两个大整数保存到两个字符串中,然后模拟竖式乘法,分别取字符串的每一位相乘,并逐步累加,注意进位。利用双循环控制过程,便可得到计算结果。

3. 算法说明

算法说明参见表 8-8。

表 8-8

类 型	名 称	代表的含义
算法	multi(char s1[],char s2[],int a[])	求大整数乘积
形参数组	s1	保存被乘数
形参数组	s2	保存乘数
形参数组	a	存储乘积结果

4. 算法设计

```c
#include "stdio.h"
#include "string.h"
#include "conio.h"
int multi(char s1[],char s2[],int a[])
{
    long b,d;
    int i,i1,i2,j,k,n,n1,n2;
    for(i=0;i<255;i++)
        a[i]=0;
    n1=strlen(s1);
```

```
        n2=strlen(s2);
        d=0;
        for(i1=0,k=n1-1;i1<n1;i1++,k--)
        {
            for(i2=0,j=n2-1;i2<n2;i2++,j--)
            {
                i=i1+i2;
                b=a[i]+(s1[k]-48) * (s2[j]-48)+d;
                a[i]=b%10;
                d=b/10;
            }
            while(d>0){
                i++;
                a[i]+=d%10;
                d/=10;
            }
            n=i;
        }
        return(n);
    }
void main()
{
    int i,m,x[256];
    char s1[256],s2[256];
    puts("请输入第一个大整数:");
    gets(s1);
    puts("请输入第二个大整数:");
    gets(s2);
    m=multi(s1,s2,x);
    puts("乘积结果是:");
        for(i=m;i>=0;i--)
      printf("%d",x[i]);
    printf("\n");
}
```

5. 运行结果

```
请输入第一个大整数：
9876543210
请输入第二个大整数：
2
乘积结果是：
19753086420
```

8.2.6 逆序数

1. 问题描述

给出含 n 个元素的整型数组,求出该数组的逆序数。可以自行定义数组中的两个元素是正序还是逆序。如果按规定当 $i<j$ 且 $a[i]<a[j]$ 时为正序,那么 $i<j$,且 $a[j]<a[i]$ 就称为逆序,且称 $a[i]$ 与 $a[j]$ 为逆序对。一个数组逆序对的总数称为该数组的逆序数。对于有序数组,其逆序数为 0;对于非有序数组,其逆序数一定不为 0。

例如数组 $\{5,6,1,3,9\}$,逆序对有 $(5,1)(5,3)(6,1)(6,3)$,其逆序数为 4。

2. 问题分析

本题运用分治法,不断将数组分割为两部分,求得每部分的逆序数,再求两部分之间的逆序数,最后合并三部分求和,具体步骤如下。

① 分解:原数组一分为二,即 A 和 B;

② 解决:对每个子数组递归计算逆序数,计算 A 和 B 之间的逆序数,如 (a,b),则 a 属于 A,b 属于 B;

③ 合并:结果返回三个计数之和。

3. 算法说明

算法说明参见表 8-9。

表 8-9

类 型	名 称	代表的含义
算法	fun(int * a, int s, int n)	求逆序数
形参指针变量	a	存放 n 个数的数组
形参变量	s	数组下标
形参变量	n	数组下标
变量	sum	存放逆序数

4. 算法设计

```
#include "stdio.h"
int fun(int * a, int s, int n)
{
    int c, l, r, sum, i, j;
    if (n <2)
        return 0;                /* 当 n<2 时,逆序数为 0 */
    c =n / 2;
    l =fun(a, s, c);             /* 将序列分为左右两个序列,并计算子序列的逆序数 */
    r =fun(a, s +c, n -c);
    sum =l +r;                   /* 将两个子序列逆序数加上 */
    for (i =s +c; i <n +s; i++) {
        for (j =s; j <s +c; j++) {
```

```
                 if (a[j] >a[i])
                    sum++;
        }                    /＊加上两子序列,计算合并后的序列的逆序数＊/
    }
    return sum;                /＊返回所有的逆序数＊/
}
int main()
{
    int a[100005],n, i;
    printf("数列个数为:");
    scanf("%d", &n);
    for (i =1; i <=n; i++)
    {
        scanf("%d", &a[i]);
    }
    printf("逆序数为%d", fun(a, 1, n));
    return 0;
}
```

5. 运行结果

```
数列个数为: 5
5 6 1 3 9
逆序数为4
```

6. 算法优化

1）优化说明

首先运用外层 for 循环赋值 i 由 1 到 $n-1$，再用内层 for 循环赋值 j 由 $i+1$ 到 n，即 $a[j]$ 取 $a[i]$ 后面的数，运用 if 判断语句，比较 $a[j]$，$a[i]$ 的大小，当 $a[i]>a[j]$，则说明 $a[i]$ 与 $a[j]$ 为逆序对，逆序数增加 1。

2）算法说明

算法说明参见表 8-10。

表　8-10

类　　型	名　　称	代表的含义
算法	fun(int ＊ a，int n)	求逆序数
形参指针数组	a	存放 n 个数的数组
形参变量	n	数组的长度
变量	sum	存放逆序数

3）算法设计

```
#include "stdio.h"
int fun(int * a, int n)
```

```
{
    int i, j, sum=0;
    for (i =1; i <n; i++)
    {
        for (j =i +1; j <=n; j++)
        {
            sum +=a[i] >a[j] ? 1 : 0;
/* 三目运算符,判断 a[i]是否大于 a[j],是则表达式值为 1,否则表达式值为 0 */
        }
    }
    return sum;
}
int main()
{
    int a[100005],n,i;
    scanf("%d", &n);                    /* 数组的长度 */
    for (i =1; i <=n; i++)
    {
        scanf("%d", &a[i]);             /* 输入数组元素 */
    }
    printf("逆序数为:%d", fun(a,n));
    return 0;
}
```

8.3　小　　结

通常,分治法求解的都是比较复杂的问题,这类问题可以被分解成比较容易解决的、多个独立的子问题,解决这些子问题以后,再将这些子问题的解"合成",就得到了较大子问题的解,最终合成为最初那个复杂问题的解。要特别注意的是,分治时的边界要清晰,防止重叠或遗漏。

因为分治法经常与递归法结合使用,所以最终解决问题的算法可能按递归方法来设计,但是要贯穿分治的思想。有些问题不容易找出"分治"的求解方法或者是分治方法不适用,那么就有可能找不到问题的最优解。

习　　题

8-1　利用分治法求一组数据中最大的两个数和最小的两个数。

8-2　利用分治法求一组数据的和。

8-3　仿照分治算法中的两个大数相乘的算法策略,完成求解两个 $n \times n$ 阶的矩阵 A 与 B 的乘积的算法。假设 $n \leqslant 2^k$,要求算法的复杂度要小于 $O(n^3)$。

8-4 设 X 和 Y 是 n 位二进制整数，请设计一个有效的算法，进行两个 n 位大整数的乘法运算。

8-5 写出计算两个矩阵乘积的传统算法。

8-6 设计一个多项式乘积问题的分治算法，并分析算法的时间复杂度。

8-7 给出一个分治算法来找出 n 个元素的序列中的第二大元素，并分析算法的时间复杂度。

8-8 假定在 $A[1] \sim A[9]$ 中顺序存放这 9 个数：$-7, -2, 0, 5, 16, 43, 57, 102, 291$。要求检索 $291, 16, 101$ 是否在数组中。给定已排好序的 n 个元素 $A_1, A_2, A_3, \cdots, A_n$，找出元素 x 是否在 A 中，如果 x 在 A 中，则指出它在 A 中的位置。

8-9 折半查找算法有一个特点：如果待查找的元素在数组中有多个，则返回其中任意一个。以数组 int a[8]={ 1, 2, 2, 3, 5, 6, 8, 9 } 为例，如果调用 binarysearch(2)，则返回 3，即 a[3]，而有些场合下要求这样的查找返回 a[2]，也就是说，如果待查找的元素在数组中有多个则返回第一个。请修改折半查找算法实现这一特点。

8-10 编写一个函数 double mysqrt(double y)，求 y 的正平方根，参数 y 是正实数。可用折半查找来找这个平方根，在从 0 到 y 之间必定有一个取值是 y 的平方根，如果查找的数 x 比 y 的平方根小，则 $x^2 < y$；如果查找的数 x 比 y 的平方根大，则 $x^2 > y$。可以据此缩小查找范围，当查找的数足够准确时（如满足 $|x^2 - y| < 0.001$），就可以认为找到了 y 的平方根。思考一下，这个算法需要迭代多少次？迭代次数的多少由什么因素决定？

8-11 设有 n 个硬币，其中一个是假币，其特征是重量较轻，设计一个分治算法，找出假币。写出算法的主要思路及时间复杂度。考虑 $n=9$ 和 $n=10$，即 n 分别为奇数和偶数的两种情形。

8-12 设 n 个互不相同的整数，按递减顺序存放于数组 A 中，若存在一个下标 $j(0 < j < n)$ 使得 $A[j] = j$，设计一个分治算法找到这个下标。

8-13 设有 $n = 2^k (k \geqslant 1)$ 位选手参加网球循环赛，循环赛共进行 $n-1$ 天，每位选手要与其他 $n-1$ 位选手比赛一场，且每位选手每天必须比赛一场，不能轮空。试按此要求为比赛安排日程。

8-14 将表中间位置记录的关键字与查找关键字比较，如果两者相等，则查找成功；否则利用中间位置记录将表分成前后两个子表。如果中间位置记录的关键字大于查找关键字，则进一步查找前一子表，否则进一步查找后一子表。重复以上过程，直到找到满足条件的记录，此时查找成功；若子表不存在，则查找不成功。

8-15 逆序对的概念：数组 $s[0] \sim s[n]$ 中如果 $i < j$，$s[i] > j$ 就表示有一个逆序对。对任意一个数组求其逆序对。

8-16 有 N 个数，请找出其中第 k 大的数（$N \leqslant 10\ 000$）。

8-17 形如 $2^P - 1$ 的素数称为麦森数，这时 P 一定也是个素数，但反过来不一定，即如果 P 是个素数，$2^P - 1$ 不一定是素数。截至 1998 年底，人们已找到了 37 个麦森数。最大的一个是 $P = 3\ 021\ 377$，$2^P - 1$ 有 909 526 位。

任务：从文件中输入 $P(1000 < P < 3\ 100\ 000)$，计算 $2^P - 1$ 的位数和最后 500 位数

字(用十进制高精度数表示)。

8-18 给出平面内的 $N(N \leqslant 10\,000)$个点,任意两点之间都有一个距离,求出所有点对中距离最小的那一对。

8-19 从键盘输入一个含有括号的四则运算表达式,该表达可能含有多余的括号。编程整理该表达式,去掉所有多余的括号,保持原表达式中所有变量和运算符相对位置不变,并与原表达式等价。

第 9 章 贪心法

9.1 算法设计思想

贪心法(又称贪婪法或登山法)的基本思想是逐步到达山顶,即逐步获得最优解。在求解最优化问题时,贪心算法先从初始阶段开始,对每一个阶段都做一个使局部最优的贪心选择,不断将问题转化为规模更小的子问题。也就是说贪心算法并不从整体最优考虑,它所做出的选择只是在某种意义上的局部最优选择。这样处理,对大多数优化问题来说都能得到最优解。例如,为了使生产某一产品的时间最少,一种贪心的策略是在该产品的每一道工序上都选择最省时的方法。

能够应用贪心法解决的问题一般具有以下两个重要性质。

1. 最优子结构性质

当一个问题的最优解包含其子问题的最优解时,称此问题具有最优子结构性质,也称此问题满足最优性原理。这是某问题可以用贪心法求解的关键特性。

在分析问题是否具有最优子结构性质时,通常先假设由问题的最优解导出的子问题的解不是最优的,然后证明在这个假设下可以构造出比原问题的最优解更好的解,从而导致矛盾。

2. 贪心选择性质

所谓贪心选择性质是指问题的整体最优解可以通过一系列局部最优的选择,即贪心选择来得到。对于一个具体问题,要确定它是否具有贪心选择性质,必须证明每一步所做的贪心选择最终导致问题的整体最优解。

贪心法求解问题的一般过程如下。

(1) 候选集合 C:为了构造问题的解决方案,有一个候选集合 C 作为问题的可能解,即问题的最终解均取自于 C。

(2) 解集合 S:初始为空,随着贪心选择的进行,解集合 S 不断扩展,直到构成一个满足问题的完整解。

(3) 解决函数 solution:检查解集合 S 是否构成问题的完整解。

(4) 选择函数 select:即贪心策略,这是贪心法的关键,它指出哪个候选对象最有希望构成问题的解,选择函数通常和目标函数有关。

（5）可行函数 feasible：检查解集合中加入一个候选对象是否可行,即解集合扩展后是否满足约束条件。

贪心法求解问题的算法如下：

```
Greedy(C)                        /* C 为候选集合 */
{
    S={};                        /* 解集合 S,初始为空 */
    while(!solution(S))          /* 解集合 S 没有构成问题的一个解 */
    {
        x=select(C);             /* 在候选集合 C 中做贪心选择 */
        if(feasible(S,x))        /* 判断解集合 S 中加入 x 后的解是否可行 */
            S=S+{x};             /* 将 x 合并到解集合 S 中 */
        C=C-{x};
    }
    return S;
}
```

9.2　典型例题

9.2.1　找零钱问题

1. 问题描述

某单位给每个职工发现金工资(精确到元)。为了保证不用临时兑换零钱,且取款的张数最少,取工资前要统计出所有职工的工资所需各种币值(100 元、50 元、20 元、10 元、5 元、2 元、1 元共 7 种)的张数。请编程完成。

2. 问题分析

（1）从键盘输入每人的工资。

（2）对每一个人的工资,用"贪婪"的思想,先尽量多地取大面额的币种,由大面额到小面额币种逐渐统计。

（3）利用数组应用技巧,将 7 种币值存储在数组 B。这样,7 种币值就可表示为 $B[i]$, $i=1,2,3,4,5,6,7$。为了能实现贪婪策略,7 种币值应该从大面额的币种到小面额的币种依次存储。

（4）利用数组技巧,设置一个有 7 个元素的累加器数组 S。

3. 算法说明

算法说明参见表 9-1。

表　9-1

类　　型	名　　称	代表的含义
算法	change()	求解找零钱问题

续表

类　型	名　称	代表的含义
变量	GZ	工资额
一维数组	B	7 种币值
一维数组	S	7 种币值张数

4. 算法设计

```c
#include "stdio.h"
int change()
{
    int i,j,GZ,A;
    int B[8]={0,100,50,20,10,5,2,1},S[8]={0,0,0,0,0,0,0,0};
    printf("请输入员工工资-用空格空开,以 0 为结束:");
    while(scanf("%d",&GZ),GZ)
    {
        for(j=1;j<=7;j++)
        {
            A=GZ/B[j];
            S[j]=S[j]+A;
            GZ=GZ-A*B[j];
        }
    }
    for(i=1;i<=7;i++)
    printf("%3d--------%d\n",B[i],S[i]);
    return 0;
}
int main()
{
    change();
}
```

5. 运行结果

```
请输入员工工资-用空格空开, 以0为结束: 145 456 231 0
100--------7
 50 --------1
 20 --------3
 10 --------1
  5 --------0
  2 --------0
  1 --------2
```

【提示】　人民币正好适合使用贪婪算法(感兴趣的读者可以自行证明这个结论)。假设,某国的币种面值共分 9 种:100、70、50、20、10、7、5、2、1。在这样的币值种类下,再用贪婪算法就得不到最优解,例如某人工资是 140,按贪婪算法 140＝100×(1 张)＋20×

（2 张）共需要 3 张，而事实上，只要取 2 张 70 面额的是最佳结果，因此这类问题可以考虑用动态规划算法来解决。

由此可见，在用贪婪算法策略时，最好能用数学方法回证每一步的策略选择能保证得到最优解。

6. 算法优化

1）优化说明

上述程序用了一个数组 $B[]$ 来存储 7 种不同面额的币值，输入一个员工工资进行取币时，程序要进行 7 次循环，从面值大的到面值小的进行"贪婪"求解。而在如下程序中，若舍弃存储 7 种不同面额的币值的数组，直接改用数值（100,50,20,10,5,2,1）代替，当输入一个员工工资时，就可以在一次循环中完成取币。

2）算法说明

算法说明参见表 9-2。

表 9-2

类　　型	名　　称	代表的含义
算法	change2()	求解找零钱问题
变量	x	工资额
一维数组	sum	7 种币值张数

3）算法设计

```c
#include "stdio.h"
void change2()
{
    int x,a,sum[7];
    for(a=0;a<7;a++)
        sum[a]=0;
    printf("请输入员工工资-用空格空开,以 0 为结束:");
    while (scanf("%d", &x),x)
    {
        sum[0] +=x / 100;
        x %=100;
        sum[1] +=x / 50;
        x %=50;
        sum[2] +=x / 20;
        x %=20;
            sum[3] +=x / 10;
        x %=10;
        sum[4] +=x / 5;
        x %=5;
```

```
        sum[5] +=x / 2;
        x %=2;
        sum[6] +=x;    }
printf("100--%d\n050--%d\n020--%d\n", sum[0],sum[1],sum[2]);
printf("10--%d\n5--%d\n2--%d\n1--%d\n",sum[3],sum[4],sum[5],sum[6]);
}
void main()
{
    change2();
}
```

9.2.2　最优装载

1. 问题描述

有一批集装箱要装上一艘载重量为 c 的货轮，其中集装箱的重量为 ω_i，要求在装载体积不受限制的情况下，将尽可能多的集装箱装到货轮上。

2. 问题分析

为了使货轮装更多的集装箱，可以从 i 个集装箱中选取最轻的一个装上货轮，如此往复"贪婪"求解，即每次都选择余下的最轻的集装箱装上货轮。当装入的集装箱重量最接近或者等于货轮载重量时，就可以认为，已经将尽可能多的集装箱装上了货轮。

可以将该问题形式化描述为：

$$\max \sum_{i=1}^{n} x_i$$

$$\sum_{i=1}^{n} \omega_i x_i \leqslant c$$

$$x_i \in \{0,1\}, \quad 1 \leqslant i \leqslant n$$

其中，变量 $x_i = 0$ 表示不装入集装箱 i，$x_i = 1$ 表示装入集装箱 i。

该问题可以采用贪心法求解，即采用轻者先装的策略，得到问题的最优解。

3. 算法说明

算法说明参见表 9-3。

表　9-3

类　型	名　称	代表的含义
算法	del(int a[],int n,int x)	删除数组指定元素
算法	min(int a[],int n)	求数组最小值
形参数组	a	集装箱的重量
形参变量	n	集装箱的个数
形参变量	x	指定的集装箱的重量
变量	containerNum	集装箱个数

类　型	名　称	代表的含义
数组	weight[]	集装箱重量
变量	load	轮船载重量

4. 算法设计

```c
#include "stdio.h"
void del(int a[],int n,int x);
int min(int a[],int n);                 /* 函数声明 */
int main()
{
    int i,j,containerNum;               /* 集装箱个数 */
    int  weight[1000];                  /* 集装箱重量 */
    int load;                           /* 轮船载重量 */
    int sum=0;
    int loaded[1000];                           /* 用于存储已装入货轮的集装箱 */
    int p=0;
    printf("请输入集装箱个数:");
    scanf("%d",&containerNum);
    printf("请输入货轮载重量:");
    scanf("%d",&load);
    printf("请逐个输入集装箱重量:\n");
        for(j=0;j<containerNum;j++)
        scanf("%d",&weight[j]);
        while(sum<load)                 /* 开始装载 */
        {
            loaded[p]=min(weight,containerNum);   /* 选取最轻的集装箱装入 */
            sum=sum+min(weight,containerNum);   /* 对已经装入的集装箱累加重量 */
            del(weight,containerNum--,loaded[p]);
                                        /* 在剩余集装箱序列中删除已装入的集装箱 */
            p++;
        }                               /* 装载完毕 */
    printf("装入的集装箱重量分别为:");
    for(i=0;i<p-1;i++)
    {
        printf("%d ",loaded[i]);
    }
    printf("\n");
    return 0;
}
```

```
void del(int a[],int n,int x)        /* 删除数组中指定的值 */
{
    int i;
    int j;
    for(i=0;i<n;i++)
        if(a[i]==x)
            for(j=0;i+j<n;j++)
            a[i+j]=a[i+j+1];
}

int min(int a[],int n) /* 求数组最小值 */
{
    int i,min=a[0];
    for(i=1;i<n;i++)
        if(a[i]<min) min=a[i];
    return min;
}
```

5. 运行结果

```
请输入集装箱个数: 5
请输入货轮载重量: 100
请逐个输入集装箱重量:
34
13
43
12
32
装入的集装箱重量分别为: 12 13 32 34
```

6. 算法优化

1) 优化说明

上述算法用一个数组 weight[1000]来存储各个集装箱的重量,并采用贪心算法。当求出 weight[1000]中最小值的时候,采用函数 del()删除当前最小值(即已经装入货轮的集装箱)以重新改写数组,再进行寻找下一个最小数(下一个集装箱的装入)。这样做涉及对数组元素的移动,浪费了很大的存储空间。

若要进行优化,可在找到数组 weight[1000]的最小值时,在该数的基础上加上货轮的载重量(load)。这样,当寻找下一个可装入的集装箱时,已装入的集装箱代表它的数组元素已经不可能再是最小的了,对本次装入就不会产生影响。

此算法设计的关键是当每一次寻求数组 weight[1000]的最小值时,记录该值在数组 weight[1000]中的位置。

2) 算法说明

算法说明参见表 9-4。

表　9-4

类　型	名　　称	代表的含义
算法	min(int a[],int n)	求数组最小值
算法	addload(int a[],int n,int min)	对 weight[]最小数加上 load
形参数组	a	集装箱重量
形参变量	n	集装箱个数
形参变量	min	重量最小的集装箱
变量	containerNum	集装箱个数
一维数组	weight	集装箱重量
变量	load	轮船载重量（全局变量）

3）算法设计

```
#include "stdio.h"
int min(int a[],int n);
void addload(int a[],int n,int min);          /*函数声明*/
int load;                                      /*轮船载重量*/
int main()
{
    int i,j,containerNum;                      /*集装箱个数*/
    int  weight[1000];                         /*集装箱重量*/
    int sum=0;
    int loaded[1000];                          /*用于存储已装入货轮的集装箱*/
    int p=0;
    printf("请输入集装箱个数:");
    scanf("%d",&containerNum);
    printf("请输入货轮载重量:");
    scanf("%d",&load);
    printf("请逐个输入集装箱重量:\n");
    for(j=0;j<containerNum;j++)
        scanf("%d",&weight[j]);
    while(sum<load)                            /*开始装载*/
    {
        loaded[p]=min(weight,containerNum);    /*选取最轻的集装箱装入*/
        sum=sum+min(weight,containerNum);      /*对已经装入的集装箱累加重量*/
                                        /*对最小数加上 load,防止对下一次载入的影响*/
        addload(weight,containerNum,loaded[p]);
        p++;
    }                                          /*装载完毕*/
```

```
        printf("装入的集装箱重量分别为:");
        for(i=0;i<p-1;i++)
        {
            printf("%d ",loaded[i]);
        }
        printf("\n");
        return 0;
}
int min(int a[],int n)                          /*求数组最小值*/
{
        int i,min=a[0];
        for(i=1;i<n;i++)
            if(a[i]<min) min=a[i];
        return min;
}

void addload(int a[],int n,int min)
/*对最小数加上 load,防止对下一次载入的影响*/
{
        int i;
        for(i=0;i<n;i++)
            if(a[i]==min) a[i]=a[i]+load;
}
```

9.2.3 平衡字符串

1. 问题描述

已知一个平衡字符串 s,请将它分割成尽可能多的平衡字符串。什么是平衡字符串呢?规定在一个仅有 L 和 R 的字符串中,如果 L 和 R 的个数是相等的,那么就称这个字符串为平衡字符串。

注意:分割得到的每个字符串都必须是平衡字符串。试返回可以通过分割得到的平衡字符串的最大数量。

例如:"LLRRLR"中能分割出的平衡字符串的最大数量就是 2,分别为"LLRR"和"LR"。

2. 问题分析

用两个变量 left 和 right 来分别记录字符串中 L 和 R 出现的次数,根据"贪婪"的思想,只要 left 和 right 相等就记录一次,因此还需要有一个 count 变量来记录目前为止出现的平衡字符串的个数,当 left 和 right 相等的时候,count 的值就增加一个,最后的 count 值即为所求的答案。

3. 算法说明

算法说明参见表 9-5。

表 9-5

类　型	名　称	代表的含义
算法	Balance(char s[])	求解平衡字符串问题
形参数组	s	已知字符串
变量	left，right	L，R 的个数
变量	n	字符串的长度
变量	count	记录平衡字符串的数量

4. 算法设计

```c
#include <stdio.h>
#include <string.h>
int Balance(char s[])
{
    int n =strlen(s);          /*字符串的长度*/
    int count =0;              /*平衡字符串的数量*/
    int left =0;               /*字符 L 的数量*/
    int right =0;              /*字符 R 的数量*/
    for (int i =0; i <n; i++)
    {
        if (s[i] =='L')        /*统计 L 和 R 的数量*/
        {
            left++;
        }
        else
        {
            right++;
        }
        if (left ==right)   /*如果 L 和 R 的数量相等,说明截取的子串是平衡字符串*/
            count++;
    }
    return count;
}
int main()
{
    int n;
    char s[205];
    printf("请输入字符串:");
    scanf("%s", &s);
    printf("%d", Balance(s));
    return 0;
}
```

5. 运行结果

```
请输入字符串:LLRRRLLR
3
```

6. 算法优化

1) 优化说明

上述程序用了两个变量 left 和 right 来分别表示当前 L 和 R 的个数,而在下面的程序中,只用一个变量 sum 代表当前 L 和 R 的个数差。

2) 算法说明

算法说明参见表 9-6。

表　9-6

类　型	名　称	代表的含义
算法	Balance(char s[])	求解平衡字符串问题
形参指针变量	s	已知字符串
变量	count	记录平衡字符串的数量
变量	sum	当前 L 和 R 的个数差

3) 算法设计

```c
#include <stdio.h>
#include <string.h>
int Balance(char s[])
{
int n =strlen(s);              /* 字符串的长度 */
    int count =0;              /* 平衡字符串的数量 */
    int sum =0;
    int a =0, b =0;
    for (int i =0; i <n; i++)
    {
        if (s[i] =='L')          /* 统计 L 和 R 的数量 */
        {
            sum++;
        }
        else
        {
            sum--;
        }
        if (sum ==0)      /* 如果 L 和 R 的数量相等,说明截取的子串是平衡字符串 */
            count++;
    }
```

```
    return count;
}
int main()
{
    int n;
    char s[205];
    printf("请输入字符串的长度:");
    scanf("%d", &n);
    printf("请输入字符串:");
    scanf("%s", &s);
    printf("%d", Balance(n, s));
    return 0;
}
```

9.2.4 小明的糖果

1. 问题描述

小明有 n 个糖果盒，第 i 个盒中有 $a[i]$ 颗糖果。小明每次可以从其中一盒糖果中吃掉一颗，他想知道，要让任意两个相邻的盒子中糖的个数之和都不大于 x，至少得吃掉几颗糖？

2. 问题分析

下面可以把这几个糖果盒分对来讨论。

（1）先从第一个和第二个糖果盒开始；如果一个糖果盒的数量就超限了，就至少要把它吃到剩下 x 个；

（2）如果单独两个都没有超限，但加起来超限了怎么办呢？因为第一个糖果盒只有一个分组（即和第二个），而第二个糖果盒却有两个分组（即和第 1 个/和第 3 个）；如果吃掉第一个糖果盒里的糖果，只会减少一个分组的量，而如果吃掉第二个糖果盒里的糖果，可以减少 2 个分组的量，所以要尽量吃掉第二个盒里的糖果。

（3）处理好第一个分组后，来看第二个，因为第一个分组已经被处理好了，所以可以无视它，然后问题又变成了前一个问题。之后以此类推即可。

3. 算法说明

算法说明参见表 9-7。

表 9-7

类 型	名 称	代表的含义
算法	fun(long * a, long n, long x)	求解糖果问题
形参指针变量	a	每个盒子的糖果数
形参变量	n	糖果盒的数量
形参变量	x	吃掉部分糖果剩下的个数
变量	ans	至少要吃掉糖果的个数

4. 算法设计

```c
#include<stdio.h>
long fun(long * a,long n,long x)
{
    long i, ans =0;
    long  b[100002]={0};
    for (i =1; i <=n; i++)
    {
        b[i] =a[i -1] +a[i];
        b[i] -=x;
    }
    for (i =1; i <=n +1; i++)
    {
        if (b[i] >0 && b[i +1] <=0)
        {
            ans +=b[i];
        }
        if (b[i] >0 && b[i +1] >0)
        {
            ans +=b[i];
            b[i +1] -=b[i];
        }
    }
    return ans;
}
int main()
{
    long   n,x,a[100001];
    scanf("%ld%ld", &n, &x);
    for (long  i =1; i <=n; i++)
    scanf("%ld", &a[i]);
    printf("%d", fun(a,n,x));
    return 0;
}
```

5. 运行结果

```
6 1
1 6 1 2 0 4
11
```

6. 算法优化

1) 优化说明

可以思考一下当相邻的两盒糖果之和大于 x 的时候,应该先吃哪一盒呢?

答案:正向遍历,吃后面;反向遍历,吃前面。

为什么是这样的呢？来看下面样例：

```
5 6
4 5 3 6 2
```

此时，若正向遍历，$4+5>6$，如果吃 $4(a[1])$，就考虑不到 $a[3]$，吃 $5(a[2])$ 则一举两得。

2）算法说明

算法说明同上。

3）算法设计

```
#include<stdio.h>
long func(long  * a,long n,long x)
{
    long ans = 0;
    if (a[1] > x)
    {
        ans += a[1] - x;
        a[1] = x;
    }
    for (int i = 2; i <= n; i++)
    {
        if (a[i] + a[i - 1] > x)
        {
            ans += a[i] + a[i - 1] - x;
            a[i] = x - a[i - 1];
        }
    }
    return ans;
}
int main()
{
    long  n, x, a[100001];
    scanf("%ld%ld", &n, &x);
    for (long  i = 1; i <= n; i++)
        scanf("%ld", &a[i]);
    printf("%d", fun(a, n, x));
    return 0;
}
```

9.2.5 埃及分数问题

1. 问题描述

设计一个算法，把一个真分数表示为埃及分数之和的形式。所谓埃及分数是指分子为 1 的分数，如 $7/8=1/2+1/3+1/24$。

2. 问题分析

一个真分数的埃及分数之和是不唯一的，例如 $7/8$ 还可以使用如下的一种简单方式来表示：
$$7/8＝1/8＋1/8＋1/8＋1/8＋1/8＋1/8＋1/8$$
即对于分数 m/n，可以得出：
$$m/n＝1/n＋1/n＋\cdots＋1/n（即 \ m \ 个 \ 1/n \ 相加）$$
显然，当 m 特别大时，此方法就显得特别烦琐。

如何用快速的方法找到一个用最少的埃及分数表示一个真分数的表达式呢？

基本思想是逐步选择分数所包含的最大埃及分数，这些埃及分数之和就是问题的一个解。

如：

$7/8＞1/2$，

$7/8－1/2＞1/3$，

$7/8－1/2－1/3＝1/24$。

过程如下：

（1）找最小的 n（即最大的埃及分数），使分数 $f＜1/n$；

（2）输出 $1/n$；

（3）计算 $f＝F－1/n$；

（4）若此时的 f 是埃及分数，输出 f，算法结束，否则返回 1。

【提示】 表面上看，以上过程的描述好像是一个算法，其实不是，因为第（3）步不满足可行性，且因为高级程序设计语言不支持分数的运算。这时需要对算法建立一个数学模型：设真分数 $F＝A/B$，作 $B÷A$ 的整除运算，商为 D，余数为 $K（0＜K＜A）$，它们之间的关系及导出关系如下：

$$B＝A×D＋K$$
$$B/A＝D＋K/A＜D＋1$$
$$A/B＞1/(D＋1)$$

记 $C＝D＋1$，这样就找到了分数 F 所包含的"最大的"埃及分数就是 $1/C$。进一步计算：

$$A/B－1/C＝(A×C－B)/B×C$$

也就是说继续要解决的是有关分子为 $A＝A×C－B$，分母为 $B＝B×C$ 的问题。

3. 算法说明

算法说明参见表 9-8。

表 9-8

类 型	名 称	代表的含义
算法	egypt(int a,int b)	求解埃及分数问题
形参变量	a	分子
形参变量	b	分母
变量	c	记录每次找到的最小分母

4. 算法设计

```c
#include "stdio.h"
#include "conio.h"
void egypt(int a,int b)
{
    int c;
    if(a>b)
    printf("input  error");
    else if(a==1||b%a==0)
    printf( "%d/%d=1%d",a,b,b/a);
    else
    while(a!=1)
    {
        c=b/a+1;                            /* 开始贪心,找出最小的分母 */
        a=a*c-b;
        b=b*c;
        printf( "1/%d",c);
        if(a>1)
        printf("+");
        if(b%a ==0||a==1)
        {
            printf("1/%d",b/a);
            a=1;
        }
    }
    printf("\n");

}
void main()
{
    int a,b;
    printf("请输入分子:");
    scanf("%d",&a);
    printf("请输入分母:");
    scanf("%d",&b);
    egypt(a,b);
}
```

5. 运行结果

请输入分子:7
请输入分母:8
1/2+1/3+1/24

6. 算法优化

1) 优化说明

在对上述程序进行数据输入验证时未考虑完善,例如分母超过上限或者为负数时,程序势必出错。为了使程序更加完整,可引入对分母上限的判断。其次,可引入数组 $f[]$ 来存储每次"贪心"得到的分母,以便于在"贪心"完成之后输出。

2) 算法说明

算法说明参见表9-9。

表　9-9

类　　型	名　　称	代表的含义
算法	egypt(int a,int b)	求解埃及分数问题
形参变量	a	分子
形参变量	b	分母
变量	c	记录每次找到的最小分母
变量	k	记录给定分数的分母个数
一维数组	f	存在每次"贪心"得到的分母

3) 算法设计

```
#include "stdio.h"
void egypt(int a,int b)
{
    int c,k,j,t,u,f[20];
        if(a==1||b%a==0)
            {  printf("  %d/%d=%d/%d \n",a,b,1,b/a);
            return;
            }
    k=0;t=0;j=b;                      /* 记录给定分数的分母 */
    while(1)
    {c=b/a+1;
    if(c>1000000000||c<0)             /* 所得分母超过所定上限,则中断 */
        {t=1;break;}
    if(c==j)c++;                      /* 保证埃及分数的分母不与给定分数的分母相同 */
    k++;f[k]=c;                        /* 求得第 k 个埃及分数的分母 */
        a=a*c-b;
    b=b*c;                            /* a,b迭代,为选择下一个分母作准备 */
    for(u=2;u<=a;u++)
        while(a%u==0 && b%u==0)
            {a=a/u;b=b/u;}
    if(a==1 && b!=j)                  /* 化简后的分数为埃及分数,则赋值后退出 */
```

```
            {k++;f[k]=b;break;}
    }
if(t==0)                        /*输出 k 个埃及分数组成的埃及分数式*/
{ printf("1/%d",f[1]);
for(j=2;j<=k;j++)
    printf("+1/%d",f[j]);
printf("\n");}
else
    printf("  尚未找到合适的埃及分数式!\n");
}
void main()
{
    int a,b;
    printf("  请输入分数的分子、分母: ");
    scanf("%d,%d",&a,&b);
    printf("  %d/%d=",a,b);
    egypt(a,b);
}
```

4）运行结果

```
请输入分数的分子、分母: 7,8
7/8=1/2+1/3+1/24
```

9.2.6 多机调度问题

1. 问题描述

某工厂有 n 个独立的作业，由 m 台相同的机器进行加工处理。作业 i 所需的加工时间为 t_i，任何作业在被处理时不能中断，也不能进行拆分处理。现厂长请你给他写一个程序：算出 n 个作业由 m 台机器加工处理的较短时间。

2. 问题分析

多机调度问题要求给出一种作业调度方案，使所给的 n 个作业在尽可能短的时间内由 m 台机器加工处理完成。

假设 7 个独立作业 $\{1,2,3,4,5,6,7\}$ 由 3 台机器 m_1,m_2,m_3 来加工处理。各作业所需的处理时间分别为 $\{2,14,4,16,6,5,3\}$。现要求用贪心算法给出最优解。

（1）分析问题性质，确定适当的贪心选择标准。

（2）按贪心选择标准对 n 个输入进行排序，初始化部分解。

（3）按序每次输入一个量，如果这个输入和当前已构成在这种选择标准下的部分解加在一起不能产生一个可行解，则此输入不能加入到部分解中，应形成新的部分解。

（4）继续处理下一输入，直至 n 个输入处理完毕，最终的部分解即为此问题的最优解。

3. 算法说明

算法说明参见表 9-10。

表 9-10

类 型	名 称	代表的含义
算法	Multi_schedu()	求解多机调度问题
算法	Find_min(manode a[],int m)	找出下个作业执行机器
算法	Sort(jobnode t[],int n)	对作业时间由大到小进行排序
形参数组	a	作业执行的机器
形参变量	m	作业执行机器的个数
形参数组	t	作业时间
形参变量	n	作业的个数
结构体	jobnode	作业
结构体	manode	机器

4. 算法设计

```c
#include "stdio.h"
#define N 10
typedef struct node
{
    int ID,time;                    /*作业所需时间*/
}jobnode;
typedef struct Node
{
    int ID,avail;                   /*ID为机器编号,avail为每次作业的初始时间*/
}manode;
manode machine[N];
jobnode job[N];
manode * Find_min(manode a[],int m)      /*找出下个作业执行机器*/
{
    manode * temp=&a[0];
    int i;
    for(i=1;i<m;i++)
    {
        if(a[i].avail<temp->avail)
            temp=&a[i];
    }
    return temp;
}
void Sort(jobnode t[],int n)             /*对作业时间进行由大到小的排序*/
```

```
{
    jobnode temp;
    int   i,j;
    for(i=0;i<n-1;i++)
        for(j=n-1;j>i;j--)
        { if(job[j].time>job[j-1].time)
            {
                temp=job[j];
                job[j]=job[j-1];
                job[j-1]=temp;
            }
        }
}
void Multi_schedu()
{
    int n,m,temp,i;
    manode * ma;
    printf("输入作业数目(作业编号按输入顺序处理)\n");
    scanf("%d",&n);
    printf("输入相应作业所需处理时间:\n");
    for( i=0;i<n;i++)
    {
        scanf("%d",&job[i].time);
        job[i].ID=i+1;
    }
    printf("输入机器数目(机器编号按输入顺序处理)\n");
    scanf("%d",&m);
    for( i=0;i<m;i++)                    /＊为机器进行编号并初始化＊/
    {
        machine[i].ID=i+1;
        machine[i].avail=0;
    }
    putchar('\n');
    if(n<=m)
    {
        printf("为每个作业分配一台机器,可完成任务!\n");
        return;
    }
    Sort(job,n);
    for( i=0;i<n;i++)
    {
    ma=Find_min(machine,m);
    printf("将机器: M%d 从 %d ----->%d 的时间段分配给作业: %d\n",ma->ID,
    ma->avail,ma->avail+job[i].time,job[i].ID);
```

```
        ma->avail+=job[i].time;
    }
    temp=machine[0].avail;
    for( i=1;i<m;i++)
    {
        if(machine[i].avail>temp)
            temp=machine[i].avail;
    }
    putchar('\n');
    printf("该批作业处理完成所需加工时间为：%d\n",temp);
    while (1);
}
void main()
{
    Multi_schedu();
}
```

5. 运行结果

```
输入作业数目(作业编号按输入顺序处理)
7
输入相应作业所需处理时间：
5
12
8
4
14
10
9
输入机器数目(机器编号按输入顺序处理)
3

将机器：M1 从 0 -----> 14 的时间段分配给作 业：5
将机器：M2 从 0 -----> 12 的时间段分配给作 业：2
将机器：M3 从 0 -----> 10 的时间段分配给作 业：6
将机器：M3 从 10 -----> 19 的时间段分配给作 业：7
将机器：M2 从 12 -----> 20 的时间段分配给作 业：3
将机器：M1 从 14 -----> 19 的时间段分配给作 业：1
将机器：M1 从 19 -----> 23 的时间段分配给作 业：4

该批作业处理完成所需加工时间为：23
```

9.3　小　　结

　　贪心法是一种不追求最优解，只希望最快得到较为满意解的方法。顾名思义，贪心法在解决问题的策略上目光短浅，只根据当前已有的信息做出选择，而且一旦做出了选择，不管将来有什么结果，都不会改变。换言之，贪心法并不是从整体最优考虑，它所做出的选择只是在某种意义上的局部最优。这种局部最优选择不能保证得到整体最优解，但通常能得到近似最优解。

　　贪心法是通过做一系列的选择来给出某一问题的最优解。贪心策略针对的是"通过局部最优决策就能得到全部最优决策"的问题,对算法中的每一个决策点,做一个当时看起来的最佳选择。这一点是贪心算法不同于动态规划(见第 11 章)之处。在动态规划中,每一步都要做出选择,但是这些选择依赖于子问题的解。因此,解动态规划问题一般是自底向上,从小子问题处理至大子问题。贪心法所做的当前选择可能要依赖于已经做出的所有选择,但不依赖于有待于做出的选择或子问题的解。因此,贪心法通常是自顶向下地做出的,每做一次贪心选择就将问题简化为规模更小的子问题。

习　题

9-1　有 N 堆纸牌,编号分别为 $1, 2, \cdots, N$。每堆上有若干张,但纸牌总数必为 N 的倍数。可以在任一堆上取若干张纸牌,然后移动。移牌规则为:在编号为 1 的堆上取的纸牌,只能移到编号为 2 的堆上;在编号为 N 的堆上取的纸牌,只能移到编号为 N−1 的堆上;其他堆上取的纸牌,可以移到相邻左边或右边的堆上。现在要求找出一种移动方法,用最少的移动次数使每堆上纸牌数都一样多。

9-2　n 个部件,每个部件都必须经过先 A 后 B 两道工序。已知部件 i 在 A,B 机器上的时间分别为 a_i, b_i。如何安排加工顺序,可使总加工时间最短?

9-3　元旦快到了,校学生会让乐乐负责新年晚会的纪念品发放工作。为使得参加晚会的同学所获得的纪念品价值相对均衡,他要把购来的纪念品根据价格进行分组,但每组最多只能包括两件纪念品,并且每组纪念品的价格之和不能超过一个给定的整数。为了保证在尽量短的时间内发完所有纪念品,乐乐希望分组的数目最少。写一个程序,找出所有分组方案中分组数最少的一种,输出最少的分组数目。

9-4　设有资源 a,分配给 n 个项目,$g(x)$ 为第 i 个项目分得资源 x 所得到的利润。求获得总利润最大的资源分配方案。

9-5　计划组织一个独木舟旅行。租用的独木舟都一样,最多乘两人,且载重有限。为节约费用,应尽可能租用最少的独木舟。已知独木舟的载重量、参加旅行的人数以及每个人的体重,试求租用独木舟的总数。

9-6　假设集合 $S = \{1, 2, \cdots, n\}$ 由 n 个活动所组成。活动所需资源一次只能被一个活动所占用,每一个活动的开始时间为 b_i,结束时间为 $e_i (b_i \leqslant e_i)$。若 $b_i \geqslant e_j$ 或 $b_j \geqslant e_i$,则称活动 i 和活动 j 兼容。求由互相兼容的活动所组成的最大集合。

9-7　有三件物品,背包可容纳 50 磅重的东西,每件物品的详细信息如表 9-11 所示,问如何装包使得其价值最大?

表　9-11

物品编号	价值	重量	单位价值
1	10	60	6
2	20	100	5
3	30	120	4

9-8 农夫约翰在一个呈一字排开的牛棚里养了一群牛。这个牛棚有很多隔间,每个隔间的大小都一样。一个隔间里只能放一头牛。有的隔间里有牛,有的隔间是空的。在一个风雨交加的夜晚,暴风雨把牛棚的顶和门都掀掉了。约翰必须迅速在牛棚前竖起一些新的挡板,因为牛棚的门都没有了。他的木材供应商只能供应给他少量的几块木板,但每一块可以有任意的长度。约翰要计算一下需要几块木板,并希望使新买的木板的总长度最小。已知约翰可以购买的木板的最大数量为 $M(1{\leqslant}M{\leqslant}50)$,牛棚里总的隔间数为 $S(1{\leqslant}S{\leqslant}200)$,牛棚中现有牛的数量为 $C(1{\leqslant}C{\leqslant}S)$,以及这 C 头牛所占据的隔间的编号 $(1{\leqslant}$隔间编号${\leqslant}S)$,请你计算一下,为了挡住所有有牛的隔间,约翰最少需要挡住多少个隔间?

9-9 节假日书店做促销,上柜的某著作的平装本系列中,共有五卷。假设每一卷单独销售价为 8 元 。读者如果一次购买不同的两卷,可以扣除 5% 的费用,三卷则更多。具体折扣情况如表 9-12 所示。

表　9-12

本数	折扣	本数	折扣
2	5%	4	20%
3	10%	5	25%

在一份订单中,根据购买的卷数及本数,就会出现可以应用不同折扣规则的情况。但是,一本书只会应用一个折扣规则。例如,读者一共买了两本卷一,一本卷二。那么,可以享受到 5% 的折扣。另外一本卷一则不能享受折扣。如果有多种折扣,希望计算出的总额尽可能地低。根据以上需求,设计算法计算购买一批书的最低价格。

9-10 假设有 M 本书(编号为 $1,2,\cdots,M$),想将每本复制一份,M 本书的页数可能不同(分别是 $P_1,P_2,\cdots,P_M$)。任务是将这 M 本书分给 K 个抄写员$(K{\leqslant}M)$,每本书只能分配给一个抄写员进行复制,而每个抄写员所分配到的书必须是连续顺序的。意思是说,存在一个连续升序数列 $0{=}b_0{<}b_1{<}b_2{<}\cdots{<}b_{k-1}{<}b_k{=}m$,这样,第 i 号抄写员得到的书稿是从 $b_{i-1}{+}1$ 到第 b_i 本书。复制工作是同时开始进行的,并且每个抄写员复制的速度都是一样的。因此,复制完所有书稿所需时间取决于分配得到最多工作的那个抄写员的复制时间。试找一个最优分配方案,使分配给每一个抄写员的页数的最大值尽可能小(如存在多个最优方案,只输出其中一种)。

9-11 有 n 个人在一个水龙头前排队接水,假如每个人接水的时间为 T_i,请编程找出这 n 个人排队的一种顺序,使得 n 个人的平均等待时间最小。

9-12 输入 k 及 k 个整数 $n_1,n_2,\cdots,n_k$ 表示有 k 堆火柴棒,第 i 堆火柴棒的根数为 n_i。接着便是你和计算机取火柴棒的对弈游戏。取的规则是:每次可以从一堆中取走若干根火柴,也可以一堆全部取走,但不允许跨堆取,也不允许不取。取走最后一根火柴者得胜。例如,$k{=}2$,$n_1{=}n_2{=}2$,A 代表你,P 代表计算机,若决定 A 先取:A(2,2)——(1,2){从一堆中取一根} P(1,2)——(1,1){从另一堆中取一根}

A(1,1)——(1,0) P(1,0)——(0,0){P 胜利} 如果决定 A 后取：P(2,2)——(2,0)
A(2,0)——(0,0){A 胜利} 又 $k=3, n_1=1, n_2=2, n_3=3$。

9-13 设有 n 个程序 $\{1,2,\cdots,n\}$ 要存放在长度为 L 的磁带上。程序 i 存放在磁带上的长度是 l_i，$1 \leqslant i \leqslant n$。要求确定这 n 个程序的存储问题，使得能够在磁带上存储尽可能多的程序。

9-14 图 9-1 为打过分的某旅游区的街道图，其中东西向旅游街为单行道，只能从西向东走，而南北向林荫道可以任意方向通行。用分值表示所有旅游街相邻两个路口之间的道路值得浏览的程度，分值为 -100 到 100 之间的整数，所有林荫道不打分。所有分值不全为负值。

图 9-1

某旅行者从任一路口开始浏览，在任一路口结束浏览。请设计算法，帮助其寻找一条最佳的浏览路线，使得这条路线的所有分值总和最大。

9-15 在黑板上写一个由 N 个正整数组成的数列，进行如下操作：每一次擦去其中的两个数 a 和 b，然后在数列中加入一个数值为 $a \times b + 1$ 的项，直至黑板上剩下一个数为止。在所有按这种操作方式最后得到的数中，最大的为 m_{max}，最小的为 m_{min}，求该数列的极差 $M = m_{max} - m_{min}$。

9-16 从键盘输入一个高精度的正整数 N（不超过 240 位），去掉其中任意 S 个数字后剩下的数字按左右次序组成一个新的正整数。对给定的 N 和 S，寻找一种删数规则使得剩下的数字组成的新数最小。

9-17 有 n 个人想要乘坐救生艇穿过大海，给定一个大小为 n 的数组，表示每个人的体重，每艘救生艇最多可以同时载两个人，但是条件是这两个人的体重和不能超过 sum，返回把所有人都成功载到对岸所需的救生艇的最小总数。

第10章　回　溯　法

10.1　算法设计思想

回溯法又称试探法,是算法设计的重要方法之一,也是一种在解空间中搜索问题的解的方法。即在问题的解空间树中,按深度优先搜索策略,从根结点出发搜索解空间树。算法搜索至解空间树的任一结点时,先判断该结点是否包含问题的解。如果不包含,则跳过对以该结点为根的子树的搜索,逐层向其祖先结点回溯;否则,进入该子树,继续按深度优先策略搜索。用回溯法求问题的所有解时,要回溯到根结点,且根结点的所有子树都被搜索一遍才结束。用回溯法求问题的一个解时,只要搜索到问题的一个解就可以结束。这种以深度优先方式系统搜索问题解的算法称为回溯法。

回溯法是尝试搜索算法中最为基本的一种,它采用了一种“走不通就掉头”的思想,作为其控制结构。在用回溯法解决问题时,每向前走一步都有很多路需要选择,但当没有决策的信息或决策的信息不充分时,只能尝试选择某一路线向下走,到一定程度后得知此路不通时,再回溯到上一步尝试其他路线;当然在尝试成功时,则问题得解,算法结束。

回溯法求解问题由“试探和回溯”两部分组成:通过对问题的归纳分析,找出求解问题的一个线索,沿着这一线索往前试探,若试探成功,即得到解;若再往前走不可能得到解,就回溯,退一步另找线路,再往前试探。

从解的角度理解,回溯法将问题的候选解按某种顺序进行枚举和检验。当发现当前候选解不可能是解时,就选择下一个候选解。在回溯法中,放弃当前候选解,寻找下一个候选解的过程称为回溯。若当前候选解除了不满足问题规模要求外,满足所有其他要求时,应继续扩大当前候选解的规模,并继续试探。如果当前候选解满足包括问题规模在内的所有要求时,该候选解就是问题的一个解。

10.2 典型例题

10.2.1 八皇后问题

1. 问题描述

求出在一个 8×8 的棋盘上，放置 8 个不能互相捕捉的国际象棋"皇后"的所有布局。

这是来源于国际象棋的一个问题。皇后可以沿着纵横和两条斜线 4 个方向相互捕捉。如图 10-1 所示，一个皇后放在棋盘的第 4 行第 3 列位置上，则棋盘上凡打"×"的位置上的皇后都能与这个皇后相互捕捉。

2. 问题分析

从图 10-1 中可以得到以下启示：一个合适的解应是在每列、每行上只有一个皇后，且一条斜线上也只有一个皇后。

该问题可通过带约束条件的以下枚举法求解。

求解过程从空间配置开始，最简单的算法就是通过 8 重循环模拟搜索空间中的 8^8 个状态，按深度优先思想，从第一个皇后开始搜索，确定一个位置后，再搜索第二个皇后的位置……每前进一步检查是否满足约束条件，不满足时，用 continue 语句回溯到上一个皇后，继续尝试下一位置；满足约束条件时，开始搜索下一个皇后的位置，直到找出问题的解。

约束条件有以下三个。

（1）不在同一列的表达式为 $x_i \neq x_j$。

（2）不在同一主对角线上的表达式为 $x_i - i \neq x_j - j$。

（3）不在同一副对角线上的表达式为 $x_i + i \neq x_j + j$。

条件（2）、（3）可以合并为一个"不在同一对角线上"的约束条件，表示为：

$$abs(x_i - x_j) \neq abs(i - j)$$

3. 算法说明

算法说明参见表 10-1。

```
      1  2  3  4  5  6  7  8
1                ×     ×
2     ×          ×     ×
3        ×  ×  ×
4     ×  ×  Q  ×  ×  ×  ×  ×
5        ×  ×  ×
6     ×          ×     ×
7                ×        ×
8                ×           ×
```

图 10-1

表 10-1

类 型	名 称	代表的含义
算法	check(int k)	判断该位置的皇后是否满足条件
形参变量	k	准备放置的第 k 个皇后
一维数组	a	存储皇后的摆放位置

4. 算法设计

```c
#include "stdio.h"
#include "math.h"
int check(int a[],int n);
int main()
{
    int i,a[9];
    for(a[1]=1;a[1]<=8;a[1]++)
        for(a[2]=1;a[2]<=8;a[2]++)
        {
            if(check(a,2)==0)
                continue;
            for(a[3]=1;a[3]<=8;a[3]++)
            {
                if(check(a,3)==0)
                    continue;
                for(a[4]=1;a[4]<=8;a[4]++)
                {
                    if(check(a,4)==0)
                        continue;
                    for(a[5]=1;a[5]<=8;a[5]++)
                    {
                        if(check(a,5)==0)
                            continue;
                        for(a[6]=1;a[6]<=8;a[6]++)
                        {
                            if(check(a,6)==0)
                                continue;
                            for(a[7]=1;a[7]<=8;a[7]++)
                            {
                                if(check(a,7)==0)
                                    continue;
                                for(a[8]=1;a[8]<=8;a[8]++)
                                {
                                    if(check(a,8)==0)
                                        continue;
                                    else
                                    for(i=1;i<=8;i++)
                                        printf("%3d",a[i]);
                                    printf("\n");
                                }
                            }
                        }
                    }
                }
            }
        }
}
```

```
        }
    }
int check(int a[],int n)                          /*判断该位置的皇后是否满足条件*/
{
    int i,j;
    for(i=2;i<=n;i++)
    for(j=1;j<=i-1;j++)
    if(abs(a[i]-a[j])==abs(i-j)||a[i]==a[j])
        return(0);
    return(1);
}
```

5. 运行结果

```
1  5  8  6  3  7  2  4
1  6  8  3  7  4  2  5
1  7  4  6  8  2  5  3
1  7  5  8  2  4  6  3
2  4  6  8  3  1  7  5
2  5  7  1  3  8  6  4
2  5  7  4  1  8  6  3
2  6  1  7  4  8  3  5
```

6. 算法优化

1）优化说明

以上的枚举算法有很好的可读性，大家从中也能体会到回溯的解题思想。不过它只能解决皇后个数为"常量"的问题，不能解决任意的 n 皇后问题，而且该算法的效率极低。实际上，该问题是典型的回溯算法模型。下面用回溯法来求解：算法思想同上，用深度优先搜索，并在不满足约束条件时及时回溯。这里只给出非递归的回溯算法，大家可以尝试递归的回溯算法。

2）算法说明

算法说明参见表 10-2。

表 10-2

类 型	名 称	代表的含义
算法	backdate(int n)	回溯法求解 n 皇后问题
算法	check(int k)	判断该位置的皇后是否满足条件
算法	output(int n)	打印输出 n 皇后问题的一个解
形参变量	n	皇后的个数
形参变量	k	准备放置的第 k 个皇后
一维数组	a	存储皇后的摆放位置

3）算法设计

```
#include "stdio.h"
#include "math.h"
```

```
int backdate(int n);
int output(int n);
int check(int k);
int a[20],n;
int main()
{
    scanf("%d",&n);
    backdate(n);
}
int backdate(int n)                      /*n皇后问题的回溯法求解*/
{
    int k;
    a[1]=0;
    k=1;
    while(k>0)
    {
        a[k]++;
        while((a[k]<=n)&&(check(k)==0))
            a[k]++;
        if(a[k]<=n)
            if(k==n)
                output(n);
            else
            {
                k++;
                a[k]=0;
            }
        else
            k--;
    }
    return 0;
}
int check(int k)                         /*判断该位置的皇后是否满足条件*/
{
    int i;
    for(i=1;i<=k-1;i++)
        if(abs(a[i]-a[k])==abs(i-k)||a[i]==a[k])
            return(0);
    return(1);
}
int output(int n)                        /*打印输出n皇后问题的一个解*/
{
    int i;
```

```
for(i=1;i<=n;i++)
    printf("%-3d",a[i]);
printf("\n");
}
```

10.2.2 部分和

1. 问题描述

给定一个全为非负数的整型数组 nums，判断是否可以从中选出若干个数，使它们的和恰好为 k。输出结果用 Yes 表示可以，No 表示不可以。

2. 问题分析

数组中每个数都有两种选择状态——选与不选，在此使用 DFS(int index，int sum) 函数来实现选不选 nums[index]。如果选取数组元素 nums[index]，就用 sum 加上 nums[index]表示选取。如果不选取数组元素 nums[index]，则 sum 值不变。当数组下标等于 n 时，表示数组中元素都进行了访问，可结束选取。其中，变量 sum 记录每一次对数组元素的选择的和，如果 sum 等于 k，就返回 1，如果 index 等于 n 了，表示已经选择完了从 nums[0]到 nums[$n-1$]的一共 n 个数，如果 sum 不等于 k 就返回 0，表示这种方案不可行。如果有一种选择方案成立，则表示满足题目要求。

3. 算法说明

算法说明参见表 10-3。

表　10-3

类　型	名　　称	代表的含义
函数	DFS(int nums [ ], int n, int k, int index, int sum)	表示在递归中开始选取数组下标为 index 的数
形参数组	nums	存储 n 个整数
形参变量	n	表示 n 个数
形参变量	k	选择若干数的结果为 k
形参变量	index	准备选取数组元素的下标
形参变量	sum	一种选择方案的数之和

4. 算法设计

```
#include<stdio.h>
int DFS(int nums[], int n, int k, int index, int sum)
{
    /* 如果 sum 等于 k 表示找到了一种选择方案，就返回 1，表示真。*/
    if(sum==k)
        return 1;
    /* index 等于 n 表示已经选完了 n 个数，但不满足题目要求，就返回 0，表示假。*/
```

```
    if(index ==n)
        return 0;
    /* 下面第一个 DFS 表示选择 nums[index],第二个表示不选,用或来表示只要有一种选择
为真就整个式子为真 */
    return DFS(nums, n, k, index +1, sum +nums[index]) || DFS(nums, n, k,
    index +1, sum);
}
int main()
{
    int nums[1005], n, k;
    scanf("%d%d", &n, &k);
    for(int i =0; i <n; i++)
        scanf("%d", &nums[i]);
    if(DFS(nums, n, k, 0, 0))
        printf("Yes\n");
    else
        printf("NO\n");
    return 0;
}
```

5. 运行结果

```
10 30
10 15 5 10 3 7 13 29 99 100
Yes
```

```
5 15
3 4 18 22 9
NO
```

6. 算法优化

1) 优化说明

注意到 nums[i] 非负,当一种方案的 sum 大于 k 时就不需要再往下选择,这种优化叫剪枝,这样可以减少很多递归次数。

2) 算法说明

算法说明同上。

3) 算法设计

```
#include<stdio.h>
int DFS(int nums[], int n, int k, int index, int sum)
{
    if(sum >k)
        return 0;
    if(sum ==k)
        return 1;
    if(index ==n)
        return 0;
```

```
    return DFS(nums, n, k, index +1, sum +nums[index]) || DFS(nums, n, k,
index +1, sum);
}
int main()
{
    int nums[1005], n, k;
    scanf("%d%d", &n, &k);
    for(int i =0; i <n; i++)
        scanf("%d", &nums[i]);
    if(DFS(nums, n, k, 0, 0))
        printf("Yes\n");
    else
        printf("NO\n");
    return 0;
}
```

10.2.3 桥本分数式

1. 问题描述

把 $1,2,\cdots,9$ 这 9 个数字填入图 10-2 所示的 9 个方格中（数字不得重复），使如图 10-2 所示的分数等式成立。问这一分数式填数共有多少个解答？试求出所有解答（注：等式左边两个分数交换次序只算一个解）。

$$\frac{\Box}{\Box\Box} + \frac{\Box}{\Box\Box} = \frac{\Box}{\Box\Box}$$

图 10-2 桥本分数式

2. 问题分析

可采用回溯法逐步调整探求。把式中 9 个□规定一个顺序后，先在第一个□中填入一个数字（从 1 开始递增），然后从小到大选择一个不同于前面□的数字填在第二个□中，以此类推，把 9 个□都填入没有重复的数字后，检验是否满足等式。若等式成立，打印所得的解。然后第 9 个□中的数字调整增 1 再试，直到调整为 9（不能再增）；返回前一个□中数字调整增 1 再试，即为回溯过程；以此类推，直至第一个□中的数字调整为 9 时，不可再回溯，完成向前试探过程后，问题结束。

可见，问题的解空间是 9 位的整数组，其约束条件是 9 位数中没有相同数字且必须满足分式的要求。

为此，设置 a 数组，式中每一□位置用一个数组元素来表示：

$$\frac{a[1]}{a[2]a[3]} + \frac{a[4]}{a[5]a[6]} = \frac{a[7]}{a[8]a[9]}$$

同时，记式中的 3 个分母分别为：

$$m1 = a[2]a[3] = a[2]\times 10 + a[3]$$
$$m2 = a[5]a[6] = a[5]\times 10 + a[6]$$
$$m3 = a[8]a[9] = a[8]\times 10 + a[9]$$

所求分数等式等价于整数等式 $a[1]\times m2\times m3 + a[4]\times m1\times m3 = a[7]\times m1\times m2$

成立。这一转化可以把分数的测试转化为整数测试。

注意：等式左侧两分数交换次序只算一个解，为避免解的重复，设 $a[1] < a[4]$。

式中 9 个□各填一个数字，不允许重复。为判断数字是否重复，设置标志变量 g：先赋值 $g=1$；若出现某两数字相同（即 $a[i]=a[k]$ 或 $a[1]>a[4]$），则赋值 $g=0$（重复标记）。

首先从 $a[1]=1$ 开始，逐步给 $a[i]$（$1 \leqslant i \leqslant 9$）赋值，每一个 $a[i]$ 赋值从 1 开始递增至 9。直至 $a[9]$ 赋值，判断：

若 $i=9, g=1$，$a[1] \times m2 \times m3 + a[4] \times m1 \times m3 = a[7] \times m1 \times m2$ 同时满足，则为一组解，用 n 统计解的个数后，打印输出这组解。

若 $i<9$ 且 $g=1$，表明还不到 9 个数字，则下一个 $a[i]$ 从 1 开始赋值继续。

若 $a[9]=9$，则返回前一个数组元素 $a[8]$，增 1 赋值（此时，$a[9]$ 又从 1 开始）再试。若 $a[8]=9$，则返回前一个数组元素 $a[7]$，增 1 赋值再试。以此类推，直到 $a[1]=9$ 时，已无法返回，意味着已全部试毕，求解结束。

按以上所描述的回溯的参量：$m=n=9$。

元素初值：$a[1]=1$，数组元素初值取 1。

取值点：$a[i]=1$，各元素从 1 开始取值。

回溯点：$a[i]=9$，各元素取值至 9 后回溯。

约束条件 1：$a[i]==a[k] || a[1]>a[4]$，其中（$i>k$）。

约束条件 2：$i==9 \&\& a[1] \times m2 \times m3 + a[4] \times m1 \times m3 = a[7] \times m1 \times m2$。

3. 算法说明

算法说明参见表 10-4。

表 10-4

类 型	名 称	代表的含义
算法	hashimoto(int i)	求解桥本分数式问题
形参变量	i	第 i 个位置
一维数组	a	代表分数式中的元素
变量	m1,m2,m3	分数式中的分母
变量	g	标志变量

4. 算法设计

```
#include <stdio.h>
int a[10],s;
int hashimoto(int i)
{
    int g,k;
        long m1,m2,m3;
    a[1]=1;
    s=0;
```

```
        while (1)
        {
            g=1;
            for(k=i-1;k>=1;k--)
                if(a[i]==a[k])                        /*两数相同,标记 g=0 */
                {
                    g=0;
                    break;
                }
            if(i==9 && g==1 && a[1]<a[4])
            {
                m1=a[2] * 10+a[3];
                m2=a[5] * 10+a[6];
                m3=a[8] * 10+a[9];
                if(a[1] * m2 * m3+a[4] * m1 * m3==a[7] * m1 * m2)    /*判断等式 */
                {
                    s++;
                    printf("(%2d) ",s);
                    printf("%d/%ld+%d/",a[1],m1,a[4]);
                    printf("%ld=%d/%ld   ",m2,a[7],m3);
                    if(s%2==0)
                        printf("\n");
                }
            }
            if(i<9 && g==1)
            {
                i++;
                a[i]=1;
                continue;
            }                                        /*未到 9 个数,继续向前试探 */
            while(a[i]==9 && i>1)                     /*回溯 */
                i--;
            if(a[i]==9 && i==1)                       /*至第 1 个数为 9 结束 */
                break;
            else
                a[i]++;

        }
        return s;
}
void main()
{
    hashimoto(1);
    printf("  共以上%d 个解。\n",s);
}
```

5. 运行结果

```
〈 1〉 1/26+5/78=4/39      〈 2〉 1/32+5/96=7/84
〈 3〉 1/32+7/96=5/48      〈 4〉 1/78+4/39=6/52
〈 5〉 1/96+7/48=5/32      〈 6〉 2/68+9/34=5/17
〈 7〉 2/68+9/51=7/34      〈 8〉 4/56+7/98=3/21
〈 9〉 5/26+9/78=4/13      〈10〉 6/34+8/51=9/27
共以上10个解。
```

6. 算法优化

1) 优化说明

实现递归设计,设置桥本分数式递归函数 put(k)。

当 $k \leqslant 9$ 时,第 k 个数字取值 $a[k]=i(i=1,2,\cdots,9)$,标记 $u=0$。

$a[k]$ 与已取的 $a[j](0 \leqslant j < k)$ 比较,是否出现重复数字。若 $a[k]=a[j]$,则第 k 个数字取值不成功,标记 $u=1$,重新取值。

若保持 $u=0$,则第 k 个数字取值成功:

(1) 检测 k 是否到 9,若到 9 且满足等式,输出一个解;

(2) 若不到 9,或不满足等式要求,则继续调用 put(k+1)。

若 $a[k]$ 已取到 9,返回调用 put(k)的 $k-1$ 状态,即回溯到 $k-1$ 状态重新取值。

主程序调用 put(1),返回 put(1)时,即输出解的个数 s,程序结束。

2) 算法说明

算法说明参见表 10-5。

表 10-5

类 型	名 称	代表的含义
算法	put(int k)	递归算法求解桥本分数式问题
形参变量	k	第 k 个位置
一维数组	a	存储分式中的元素
变量	m1,m2,m3	分数式中的分母
变量	u	标志变量
变量	s	统计解的个数

3) 算法设计

```c
#include "stdio.h"
int a[10],s=0;
void main()
{
    int put(int k);
    put(1);                /* 调用递归函数 put(1) */
    printf("  共有以上%d个解。\n",s);
}
int put(int k)             /* 桥本分数式递归函数 */
{
```

```
int i,j,u,m1,m2,m3;
if(k<=9)
{
    for(i=1;i<=9;i++)                           /*探索第 k 个数字取值 i */
    {
        a[k]=i;
        for(u=0,j=1;j<=k-1;j++)
        if(a[k]==a[j])
            u=1;                                /*出现重复数字,则置 u=1 */
        if(u==0)                                /*若第 k 个数字可为 i */
        {
            if(k==9 && a[1]<a[4])               /*若已 9 个数字,则检查等式 */
            {
                m1=a[2]*10+a[3];
                m2=a[5]*10+a[6];
                m3=a[8]*10+a[9];
                if(a[1]*m2*m3+a[4]*m1*m3==a[7]*m1*m2)
                {
                    s++;
                    printf(" %2d: ",s);         /*输出一个解 */
                    printf("%d/%d+%d/%d",a[1],m1,a[4],m2);
                        printf("=%d/%d   ",a[7],m3);
                    if(s%2==0)
                        printf("\n");
                }
            }
            else
                put(k+1);                       /*若不到 9 个数字,则调用 put(k+1) */
        }
    }
}
return s;
}
```

10.2.4 高逐位整除数

1. 问题描述

对于指定的正整数 n ,共有多少个不同的 n 位高逐位整除数？所谓 n 位高逐位整除数是指：该数最高位能被 1 整数,前两位能被 2 整除,前三位能被 3 整除……该数本身能被 n 整除。

试探索指定的 n 位高逐位整除数,输出所有的 n 位高逐位整除数。

2. 问题分析

设置数组 $a[]$,用来存放找出的高逐位整除数。

在 a 数组中,数组元素 $a[1]$ 从 1 开始取值,存放逐位整除数的最高位数,显然能被 1 整除;$a[2]$ 从 0 开始取值,存放第 2 位数,前 2 位即 $a[1]*10+a[2]$ 能被 2 整除……

为了判别已取的 i 位数能否被 i 整除,设置循环:

```
for(r=0,j=1;j<=i;j++)
    { r=r*10+a[j]; r=r%i; }
```

(1) 若 $r=0$,则该 i 位数能被 i 整除,则标志位 $t=0$;此时有以下两个选择。

① 若已取了 n 位,则输出一个 n 位逐位整除数;最后一位增 1 后继续。

② 若不到 n 位,则 $i=i+1$ 继续向前探索下一位。

(2) 若 $r\neq0$,即前 i 位数不能被 i 整除,则 $t=1$。此时 $a[i]=a[i]+1$,即第 i 位增 1 后继续。

若增值至 $a[i]>9$,则 $a[i]=0$ 即该位清"0"后,$i=i-1$ 回溯到前一位增值 1。直到第 1 位增值超过 9 后,退出循环结束。

该算法可探索并输出所有 n 位逐位整除数,用 s 统计解的个数。若 $s=0$,说明没有找到 n 位逐位整除数,输出"无解"。

3. 算法说明

算法说明参见表 10-6。

表　10-6

类　型	名　称	代表的含义
算法	divide(int a[],int n)	求解 n 位高逐位整除数
形参数组	a	存放求解的高逐位整除数
形参变量	n	高逐位整除数的位数
变量	r	判别已取得的 i 位能否被 i 整除
变量	s	统计解的个数

4. 算法设计

```
#include "stdio.h"
int divide(int a[],int n)
{
    int i,j,r,t,s;
    t=0;
    s=0;
    for(j=1;j<=100;j++)
        a[j]=0;
    i=1;
    a[1]=1;
```

```
        while(a[1]<=9)
        {
            if(t==0 && i<n)
                i++;
            for(r=0,j=1;j<=i;j++)              /*检测已取的 i 位数能否被 i 整除*/
            {
                r=r*10+a[j];
                r=r%i;
            }
            if(r!=0)
            {
                a[i]=a[i]+1;t=1;               /*余数 r!=0 时,a[i]增 1,t=1*/
                while(a[i]>9 && i>1)
                {
                    a[i]=0;
                    i--;                       /*回溯*/
                    a[i]=a[i]+1;
                }
            }
            else
                t=0;                           /*余数 r=0 时,t=0*/
            if(t==0 && i==n)
            {
                s++;
                printf(" %d: ",s);
                for(j=1;j<=n;j++)
                    printf("%d",a[j]);
                printf("\n");
                a[i]=a[i]+1;
            }
        }
        return(s);
}
void main()
{
    int n,s,a[100];
    printf(" 高逐位整除 n 位,请确定 n:");
    scanf("%d",&n);
    printf(" 所求%d 位高逐位整除数:\n",n);
    s=divide(a,n);
    if(s==0)
        printf("无解!\n");
    else
        printf("共以上%d 个解。\n",s);
}
```

5. 运行结果

```
高逐位整除n位，请确定n：24
所求24位高逐位整除数：
1：144408645048225636603816
2：360852885036840078603672
3：402852168072900828009216
共以上3个解。
```

10.2.5 直尺刻度分布问题

1. 问题描述

有一把古直尺长 36 寸，因年代久远，尺上的刻度只剩下 8 条可见。神奇的是，用该尺仍可一次性度量 1 至 36 之间任意整数寸长度。设计算法，确定古直尺上 8 条刻度的位置。

2. 问题分析

这是一个探索一般尺长为 s，刻度数为 n 的完全度量问题。

为了寻求实现尺长 s，完全度量的 n 条刻度的分布位置，可先行设置以下两个数组。

(1) 数组 $a[\ ]$。数组元素 $a[i]$ 为第 i 条刻度距离尺左端线的长度，$a[0]=0$ 以及 $a[n+1]=s$ 对应尺的左右端线。注意到尺的两端至少有一条刻度距端线为 1（否则长度 $s-1$ 不能度量），不妨设 $a[1]=1$，其余的 $a[i]$ $(i=2,3,\cdots,n)$ 在 $2\sim s-1$ 中取不重复的数。不妨设

$$2 \leqslant a[2] < a[3] < \cdots < a[n] \leqslant s-1$$

从 $a[2]$ 取 2 开始，以后 $a[i]$ 从 $a[i-1]+1$ 开始递增 1 取值，直至 $s-(n+1)+i$ 为止。这样可避免重复。

若 $i<n$，i 增 1 后 $a[i]=a[i-1]+1$ 后继续探索。

当 $i>1$ 时，$a[i]$ 增 1 继续，直至 $a[i]=s-(n+1)+i$ 时，回溯。

当 $i=n$ 时，n 条刻度连同尺的两条端线共 $n+2$ 条，$n+2$ 取 2 的组合数为 $C(n+2,2)$，记为 m，显然有

$$m = C(n+2,2) = \frac{(n+1)(n+2)}{2}$$

(2) 数组 $b[\ ]$。将 m 种长度赋给 b 数组每个数组元素 $b[1],b[2],\cdots,b[m]$。为判定某种刻度分布位置能否实现完全度量，设置特征量 u，对于 $1 \leqslant d \leqslant s$ 的每一个长度 d，如果在 $b[1]\sim b[m]$ 中存在某一个等于 d，特征量 u 值增 1。

最后，若 $u=s$，说明从 1 至尺长 s 的每一个整数 d 都有一个 $b[i]$ 相对应，即达到完全度量，于是打印出直尺的 n 条刻度分布位置。

3. 算法说明

算法说明参见表 10-7。

表 10-7

类 型	名 称	代表的含义
算法	ruler(int s,int n)	回溯法求解直尺刻度完全度量问题
形参变量	s	尺条长度

类 型	名 称	代表的含义
形参变量	n	刻度个数
变量	u	判定某种刻度分布位置能否实现完全度量
变量	m	组合数
一维数组	a	第 i 条刻度距离尺左端线的长度
一维数组	b	m 种长度赋给 b 数组元素

4. 算法设计

```c
#include "stdio.h"
void ruler(int s,int n)
{
    int d,i,j,k,t,u,m,a[30],b[300];
    a[0]=0;a[1]=1;a[n+1]=s;
    m=(n+2) * (n+1) /2;
    i=2;
    a[i]=2;
    while(1)
    {
        if(i<n)
        {
            i++;
            a[i]=a[i-1]+1;
            continue;
        }
        else
        {
            for(t=0,k=0;k<=n;k++)
                for(j=k+1;j<=n+1;j++)              /* 序列部分和赋值给 b 数组 */
                {
                    t++;
                    b[t]=a[j]-a[k];
                }
            for(u=0,d=1;d<=s;d++)
                for(k=1;k<=m;k++)
                    if(b[k]==d)
                    {
                        u+=1;
                        k=m;
                    }
                                                    /* 检验 b 数组取 1-s 有多少个 */
```

```
        if(u==s)                         /*b 数组值包括 1-s 所有整数 */
        {
            if((a[n]!=s-1)||(a[n]==s-1)&&(a[2]<=s-a[n-1]))
            {
                printf("┌");                /*输出尺的上边*/
                for(k=1;k<=s-1;k++)
                    printf("─");
                printf("┐ \n");
                printf("│");
                for(k=1;k<=n+1;k++)          /*输出尺的数字标注*/
                {
                    for(j=1;j<=a[k]-a[k-1]-1;j++)
                        printf("  ");
                    if(k<n+1)
                        printf("%2d",a[k]);
                    else
                        printf("│ \n");
                }
                printf("└");                 /*输出尺的下边与刻度*/
                for(k=1;k<=n+1;k++)
                {
                    for(j=1;j<=a[k]-a[k-1]-1;j++)
                        printf("─");
                    if(k<n+1)
                        printf("┴");
                    else
                        printf("┘ \n");
                }
                printf("直尺的段长序列为:");/*输出段长序列*/
                for(k=1;k<=n;k++)
                    printf("%2d,",a[k]-a[k-1]);
                printf("%2d \n",s-a[n]);
            }
        }
    }
    while(a[i]==s-(n+1)+i)                /*调整或回溯*/
        i--;
    if(i>1)
        a[i]++;
    else
        break;
    }
}
```

```
void main()
{
    int s,n;
    printf("   尺长 s,寻求 n 条刻度分布,请确定 s,n: ");
    scanf("%d,%d",&s,&n);
    ruler(s,n);
}
```

5. 运行结果

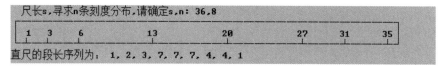

10.2.6 素数环问题

1. 问题描述

把前 n 个正整数摆成一个环,如果环中所有相邻的两个数之和都是一个素数,该环称为一个 n 项素数环。

对于指定的 n,构造并输出所有不同的素数环。

2. 问题分析

下面用回溯法求解素数环问题。

需要定义以下两个数组。

数组 $b[]$:若 k 在 $3 \sim 2n$ 范围内,且为素数,则置 $b[k]=1$,否则 $b[k]=0$。

数组 $a[]$:在前 n 个正整数中取值。为避免重复,约定第 1 个数 $a[1]=1$。

在永真循环中,i 从 2 开始至 n 递增取值,$a[i]$ 从 2 开始至 n 递增取值。

(1)判断数组元素 $a[i]$ 的取值是否可行,设置标志 $t=1$;然后进行如下判断。

① 若 $a[j]=a[i]$($j=1,2,\cdots,i-1$),即 $a[i]$ 与前面的 $a[j]$ 相同,$a[i]$ 取值不行,标注 $t=0$。

② 若 $b[a[i]+a[i-1]]!=1$,即所取 $a[i]$ 与其前一项之和不是素数,标注 $t=0$。

(2)若判断后保持 $t=1$,说明 $a[i]$ 取值可行。此时若 i 已取到 n ,且 $b[a[n]+1]=1$,即首尾项之和也是素数,打印输出一个解。若 $i<n$,则 $i++$;$a[i]=2$;即继续,下一元素从 2 开始取值。

(3)若 $a[i]$ 已取到 n,再不可能往后取值,即回溯 $i--$。回溯至前一个元素,$a[i]++$ 继续增值。

最后回溯至 $i=1$,完成所有向前探索,跳出循环结束。

由于当 n 较大时,n 项素数环非常多,可考虑只输出 5 个解后提前结束。

3. 算法说明

算法说明参见表 10-8。

表　10-8

类　型	名　称	代表的含义
算法	cycle(int n)	回溯法求解 n 项素数环问题
形参变量	n	正整数个数
一维数组	b	素数标记。若 k 为素数,则 b[k]=1
一维数组	a	记录 n 项素数环
变量	s	累计 n 项素数环的个数

4. 算法设计

```c
#include "stdio.h"
#include "math.h"
void cycle(int n)
{
    int t,i,j,k,s,a[2000],b[1000];
    for(k=1;k<=2*n;k++)
        b[k]=0;
    for(k=3;k<=2*n;k+=2)
    {
        for(t=0,j=3;j<=sqrt(k);j+=2)
            if(k%j==0)
            {
                t=1;
                break;
            }
        if(t==0)
            b[k]=1;                          /*奇数 k 为素数的标记*/
    }
    printf("    前%d个正整数组成素数环,其中 5 个为:\n",n);
    a[1]=1;
    s=0;
    i=2;
    a[i]=2;
    while(1)
    {
        t=1;
        for(j=1;j<i;j++)                     /*出现相同元素或两数和不是素数时返回*/
            if(a[j]==a[i]||b[a[i]+a[i-1]]!=1)
            {
                t=0;
                break;
```

```
            }
        if(t && i==n && b[a[n]+1]==1)
        {
            s++;
            printf("  %d: 1",s);
            for(j=2;j<=n;j++)
                printf(",%d",a[j]);
            printf("\n");
            if(s==5)
                return;
        }
        if(t && i<n)
        {
            i++;
            a[i]=2;
            continue;
        }
        while(a[i]==n)
        i--;                          /*实施回溯*/
        if(i>1)
            a[i]++;
        else
            break;
    }
}
void main()
{
    int n;
    printf("前 n 个正整数组成素数环,请输入整数 n: ");
    scanf("%d",&n);
    cycle(n);
}
```

5. 运行结果

```
前n个正整数组成素数环，请输入整数n: 20
前20个正整数组成素数环,其中5个为:
1:  1,2,3,4,7,6,5,8,9,10,13,16,15,14,17,20,11,12,19,18
2:  1,2,3,4,7,6,5,8,9,10,13,16,15,14,17,20,11,18,19,12
3:  1,2,3,4,7,6,5,8,9,10,13,18,19,12,11,20,17,14,15,16
4:  1,2,3,4,7,6,5,8,9,10,19,12,11,20,17,14,15,16,13,18
5:  1,2,3,4,7,6,5,8,9,10,19,18,13,16,15,14,17,20,11,12
```

6. 算法优化

1）优化说明

上述使用回溯法求解素数环问题的过程实际上是一个递归的过程,在每次确认 a 数组元素所代表的有效整数都是一样的步骤。因此,对前面算法简单修改,便可得到求解该问题的递归算法。

2）算法说明

算法说明参见表 10-9。

表　10-9

类　型	名　称	代表的含义
算法	cycle(int k)	递归算法求解 n 项素数环问题
形参变量	k	递归参数，求第 k 个整数
变量	n	正整数个数
一维数组	b	素数标记。若 k 为素数，则 b[k]＝1
一维数组	a	记录 n 项素数环
变量	s	累计 n 项素数环的个数

3）算法设计

```
#include "stdio.h"
#include "math.h"
int n,a[2000],b[1000];
void main()
{
    int j,k;
    long sum;
    long cycle(int k);
    printf("  前 n 个正整数组成素数环,请输入整数 n: ");
    scanf("%d",&n);
    for(k=1;k<=2*n;k++)
        b[k]=0;
    for(k=3;k<=2*n;k+=2)
    {
        for(j=3;j<=sqrt(k);j+=2)
            if(k%j==0)
                break;
        if(j>sqrt(k))
            b[k]=1;                      /*奇数 k 为素数的标记*/
    }
    a[1]=1;
    k=2;
    sum=cycle(k);
    printf("  前%d 个正整数组成素数环,共%ld 个。\n",n,sum);
}
long cycle(int k)                        /*素数环递归函数*/
```

```
{
    int i,j,u;
    static long s=0;
    if(k<=n)
    {
        for(i=2;i<=n;i++)
        {
            a[k]=i;                              /*探索第 k 个数赋值 i  */
            for(u=0,j=1;j<=k-1;j++)
                if(a[k]==a[j]||b[a[k]+a[k-1]]==0)    /*若出现重复数字*/
                    u=1;                         /*若第 k 个数不可置 i,则 u=1*/
            if(u==0)                             /*若第 k 个数可置 i,则检测是否到 n 个数*/
            {
                if(k==n && b[a[n]+a[1]]==1)      /*若到 n 个数打印解*/
                {
                    s++;
                    printf(" %ld:  1",s);
                    for (j=2;j<=n;j++)
                        printf(",%d",a[j]);
                    printf("\n");
                }
                else
                    cycle(k+1);                  /*若没到 n 个数,则探索下一个数 k+1*/
            }
        }
    }
    return s;
}
```

10.3 小　　结

本章应用回溯法设计求解了著名的八皇后问题、部分和问题、桥本分数式数学问题、趣味的直尺刻度分布问题、新颖的素数环问题等问题。可见回溯法的应用非常广泛,适用于求解组合数较大的问题。

回溯法有"通用解题法"之美称,是一种比穷举法更"聪明"的搜索技术,在搜索过程中能动态地产生问题的解空间,系统地搜索问题的所有解。当搜索到解空间树的任一结点时,判断该结点是否包含问题的解。如果该结点肯定不包含,则"碰壁回头",跳过以该结点为根的子树的搜索,逐层向其祖先结点回溯,大大缩减无效操作,提高搜索效率。因此,结合具体案例的实际以设计合适的回溯点是应用回溯法的关键所在。

回溯求解过程实质上是遍历一棵"状态树"的过程,只要所激活的状态结点满足终结条件,就应该输出或保存它。由于在回溯法求解问题时,一般要求输出问题的所有解,因此在得到并输出一个解后并不终止,还要进行回溯,以便得到问题的其他解,直至回溯到状态树的根且根的所有子结点均已被搜索过为止。

　　值得注意的是,递归具有回溯的功能,很多问题应用递归回溯可探索出问题的所有解。例如,在求解桥本分数式中,既用了回溯法求解,也应用了递归求解,请认真比较这两者之间的关联。尽管递归的效率不高,但递归设计的简明是一般回溯设计所不及的。

习　题

10-1　输出自然数 1 到 n 的所有不重复的排列,即 n 的全排列。

10-2　指定低逐位整除数探求:试求出所有最高位为 3 的 24 位低逐位整除数(除个位数字为"0"外,其余各位数字均不得为"0")。

10-3　在 3×3 个方格的方阵中填入数字 1 到 $N(N=10)$ 内的 9 个数字,每个方格填一个整数,让所有相邻两个方格内的两个整数之和为质数;试求出所有满足这个要求的各种数学填法。

10-4　设计一个回溯算法来生成数字 $1, 2, \cdots, n$ 的所有 2^n 个子集。

10-5　应用回溯法探索从 n 个不同元素中取 m(约定 $1 < m \leqslant n$)个元素与另外 $n-m$ 个相同元素组成的复杂排列。

10-6　某售货员要到若干个城市推销商品。已知各城市之间的路程,试选定一条从驻地出发,经过每个城市一遍最后回到驻地的路线,使总的路程最短。

10-7　参加拔河比赛的 12 个同学的体重(kg)如下:48,43,57,64,50,52,18,34,39,56,16,61。为使比赛公平,要求参赛的两组每组 6 个人,且每组同学的体重之和相等。请设计算法解决这个"两组均分"问题。

10-8　设计回溯实现组合 $C(n,m)$ 对指定的正整数 m,n(约定 $1 < m \leqslant n$),回溯实现从 n 个不同元素中取 m 个(约定 $1 < m < n$)的组合 $C(n,m)$。

10-9　羽毛球队有男女运动员各 n 人。给定 2 个 $n \times n$ 矩阵 P 和 Q。$P[i][j]$ 是男运动员 i 和女运动员 j 配对组成混合双打的男运动员竞赛优势;$Q[i][j]$ 是女运动员 i 和男运动员 j 配合的女运动员竞赛优势。由于技术配合和心理状态等各种因素影响,$P[i][j]$ 不一定等于 $Q[j][i]$。男运动员 i 和女运动员 j 配对组成混合双打的男女双方竞赛优势为 $P[i][j] \times Q[j][i]$。设计一个算法,计算男女运动员最佳配对法,使各组男女双方竞赛优势的总和达到最大。

10-10　假设 n 个任务由 k 个可并行工作的机器完成。完成任务 i 需要的时间为 t_i。试设计一个算法找出完成这 n 个任务的最佳调度,使得完成全部任务的时间最少。对任意给定的整数 n 和 k,以及完成任务 i 需要的时间为 $t_i, i=1 \sim n$。编程计算完成这 n 个任务的最佳调度。

10-11　找出从自然数 $1,2,\cdots,n$ 中任取 r 个数的所有组合。采用回溯法找问题的解,将找到的组合以从小到大顺序存放于 $a[0], a[1], \cdots, a[r-1]$ 中,组合的元素满足以下性质:

(1) $a[i+1] > a[i]$;

(2) $a[i]-i \leqslant n-r+1$。

10-12 假设有一个背包可以放入的物品重量为 S，现有 n 件物品，重量分别是 $w_1, w_2,$ $w_3, \cdots, w_n$。问能否从这 n 件物品中选择若干件放入背包中，使得放入的重量之和正好为 S。如果有满足条件的选择，则此背包有解，否则此背包问题无解。

10-13 有 N 个硬币（$N > 11$），正面向上排成一排，每次必须翻 5 个硬币，直到全部反面向上。试求所有解。

10-14 在一个瓶子中装有 N（N 偶数）升汽油，要平均分成两份，但只有一个装 $3(N/2-1)$ 升的量杯和装 $5(N/2+1)$ 升的量杯（都没有刻度）。试打印出所有把汽油分成两等份的操作过程。若无解打印"NO"，否则打印操作过程。

10-15 n 个作业 $\{1, 2, 3, \cdots, n\}$ 要在由两台机器 M_1 和 M_2 组成的流水线上完成加工。每个作业加工的顺序都是先在 M_1 上加工，然后在 M_2 上加工。M_1 和 M_2 加工作业 i 所需的时间分别为 a_i 和 b_i。流水线作业调度问题要求确定这 n 个作业的最优加工顺序，使得从第一个作业在机器 M_1 上开始加工，到最后一个作业在机器 M_2 上加工完成所需的时间最少。作业在机器 M_1, M_2 的加工顺序相同。

10-16 有一个自然数集合，其中最小的数是 1，最大的数是 100。这个集合中的数据除 1 外，每个数都可由集合中的某两个数（这两个数可以相同）求和得到。编写一个算法，求符合上述条件的自然数的个数为 10 的所有集合。

10-17 图 10-3 是由 14 个"＋"和 14 个"－"组成的符号三角形。2 个同号下面都是"＋"，2 异号下面都是"－"。在一般情况下，符号三角形的第一行有 n 个符号。符号三角形问题要求对于给定的 n，计算有多少个不同的符号三角形，使其所含的"＋"和"－"的个数相同。

```
+ + + - + - +
 + - - - - +
  - + + + -
   - + + -
    - + -
     - -
      +
```

图 10-3

10-18 编号分别为 $1, 2, \cdots, 8$ 的 8 对情侣参加聚会后拍照。主持人要求这 8 对情侣共 16 人排成一横排，别出心裁规定每对情侣男左女右且不得相邻：编号为 1 的情侣之间有 1 个人，编号为 2 的情侣之间有 2 个人，$\cdots$，编号为 8 的情侣之间有 8 个人，并且规定，左端编号小于右端编号。问所有满足以上要求的不同拍照排队方式共有多少种？输出其中排左端为 1 同时排右端为 8 的排队方式。试对 n 对情侣拍照排列进行设计。例如，$n=3$ 时的一种拍照排队为"231213"。

10-19 给定一个整数数组，数组中的元素互不相同。请返回该数组所有可能的子集（幂集）。解集不能包含重复的子集。但可以按任意顺序返回解集。例如，输入 3 1 2 3，输出：[1,2,3] [1,2] [1,3] [1] [2,3] [2] [3] []

第11章　动态规划法

11.1　算法设计思想

动态规划(dynamic programming)是运筹学的一个分支,是求解决策过程最优化的数学方法之一。

动态规划处理的对象是多阶段决策问题。多阶段决策问题具体指如下一类特殊的活动过程:问题可以分解成若干个相互联系的阶段,且每个阶段都要做出决策,形成一个决策序列,该决策序列也称为一个策略。因为每次决策均取决于当前状态,又随即引起状态的转移,决策序列(策略)都是在变化的状态中产生出来的,故有"动态"的含义,所以,这种多阶段最优化决策解决问题的过程称为动态规划。

可以在满足问题的约束条件下用一个数值函数(即目标函数)来衡量每个决策序列(策略)的优劣。多阶段决策问题的最优化目标是获取导致问题最优值的最优决策序列(最优策略),即得到最优解。

动态规划问世以来,在经济管理、生产调度、工程技术和最优控制等方面得到了广泛的应用,例如最短路径、库存管理、资源分配、设备更新、排序、装载等问题。用动态规划方法比用其他方法求解更为方便。虽然动态规划主要用于解决以时间划分阶段的动态过程的优化问题,但是一些与时间无关的静态规划(如线性规划、非线性规划),只要人为地引进时间因素,把它视为多阶段决策过程,也可以用动态规划方法方便地求解,因此研究该算法具有很强的实际意义。

动态规划算法通常用于求解具有某种最优性质的问题。适合采用动态规划法求解的问题经分解得到的各个子问题往往不是相互独立的。在求解过程中,若能将已解决的子问题的解进行保存,便可在需要时轻松找出,避免大量无意义的重复计算,从而降低算法的时间复杂度。如何保存已解决的子问题的解呢?通常采用表的形式,即在实际求解过程中,一旦求得某个子问题的解,不管该问题以后是否用得到,都将该解填入该表,需要时再从表中查找,具体的动态规划算法多种多样,但它们具有相同的填表格式。

适用动态规划策略解决的问题具有以下三个性质。

（1）最优化原理（也称最优子结构）：如果问题的最优解所包含的子问题的解也是最优的，就称该问题具有最优子结构，即满足最优化原理。

（2）无后向性（也称无后效性）：即某阶段状态一旦确定，就不受这个状态以后决策的影响。也就是说，某状态以后的过程不会影响以前的状态，只与当前状态有关，这种特性被称为无后向性。

（3）重叠子问题：即子问题之间不是独立的，一个子问题在下一阶段决策中可能被多次使用到。对有分解过程的问题还表现在自顶向下分解问题时，每次产生的子问题并不总是新问题，有些子问题会反复出现多次。

动态规划算法的一般求解步骤如下。

（1）分段：把所求最优化问题分成若干个阶段，即将原问题分解为若干个相互重叠的子问题。找出最优解的性质，并刻画其结构特性。

（2）分析：将问题各个阶段的不同状态表示出来，确定各个阶段状态之间的递推关系，即为动态规划函数的递推式，并确定初始条件。分析归纳出各个阶段状态之间的转移关系是应用动态规划的关键。

（3）求解：利用递推式自底向上计算，求解最优值。递推计算最优值是动态规划算法的实施过程。

（4）构造最优解：根据计算最优值时得到的信息，构造最优解。构造最优解就是具体求出最优决策序列。

11.2　典型例题

11.2.1　数塔问题

1. 问题描述

如图 11-1 所示是一个数塔，从顶部出发在每一个结点都可以选择向左走或向右走，一直走到底层，要求找出一条路径，使路径上的数值和最大。

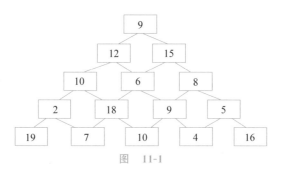

图　11-1

2. 问题分析

数塔问题与之前的贪婪算法要求有些相似，不妨先用贪婪法尝试对该问题进行求解。不难发现这个问题用贪婪算法不能保证找到真正的最大和。以图 11-1 为例，用贪婪策

略,无论是自上而下,还是自下而上,每次向下都选择较大的一个数移动,则路径和分别为:

$$9+15+8+9+10=51(自上而下),\quad 19+2+10+12+9=52(自下而上)$$

都得不到真正的最优解,真正的最大和是 $9+12+10+18+10=59$。

故放弃利用贪婪法求解本题。下面利用动态规划来求解。

从数塔问题的特点看,易发现解决问题的阶段划分应该是自下而上逐层决策。不同于贪婪策略的是做出的不是唯一的决策,第一步对于第五层的 8 个数据,作如下 4 次决策:

(1) 对经过第四层 2 的路径,在第五层的 19,7 中选择 19;

(2) 对经过第四层 18 的路径,在第五层的 7,10 中选择 10;

(3) 对经过第四层 9 的路径,在第五层的 10,4 中选择 10;

(4) 对经过第四层 5 的路径,在第五层的 4,16 中选择 16。

这是一次决策过程,也是一次降阶过程。因为以上的决策结果将 5 阶数塔问题转换成 4 阶子问题,用同样的方法可以将 4 阶数塔问题变成 3 阶数塔问题……最后得到的 1 阶数塔问题即为整个问题的最优解。

首先,存储原始信息,原始信息有层数和数塔中的数据,层数用一个整型变量 n 存储,数塔中的数据用二维数组 data 存储成下三角阵。其次,动态规划过程存储使用二维数组 d 存储各阶段的决策结果。根据动态规划算法设计,数组 d 的存储内容如下:

$$d[n][j]=data[n][j]\quad(j=1,2,\cdots,n)$$

当 $i=n-1,n-2,\cdots,1,\ j=1,2,\cdots,i$ 时

$$d[i][j]=\max(d[i+1][j],d[i+1][j+1])+data[i][j]$$

最后,$d[1][1]$ 即为此问题的结果。

3. 算法说明

算法说明参见表 11-1。

表 11-1

类　型	名　称	代表的含义
算法	operate()	求解数塔问题
算法	path()	输出最大和路径
二维数组	data	存储数塔原始数据
二维数组	d	存储规划过程的数据
变量	n	数塔层数

4. 算法设计

```
#include "stdio.h"
#define N 50
int data[N][N],d[N][N];
```

```
int n;
void operate()                              /*实现数塔求解算法*/
{
    int i,j;
    for(j=1;j<=n;j++)
        d[n][j]=data[n][j];
    for(i=n-1;i>=1;i--)
        for(j=1;j<=i;j++)
            if(d[i+1][j]>d[i+1][j+1])
                d[i][j]=data[i][j]+d[i+1][j];
            else
                d[i][j]=data[i][j]+d[i+1][j+1];
}
void path()                                 /*输出最大和路径*/
{
    int i,k;
    int y;
    printf(" %d",data[1][1]);
    k=1;
    for(i=2;i<=n;i++)
    {
        y=d[i-1][k]-data[i-1][k];
        if(y==d[i][k+1])
            k++;
        printf("-->%d",data[i][k]);
    }
}
void main()
{
    int i,j;
    printf("请输入数塔层数 n=? ");
    scanf("%d",&n);
    printf("数据为:\n");
    for(i=1;i<=n;i++)
        for(j=1;j<=i;j++)
            scanf("%d",&data[i][j]);
    operate();
    printf("路径最大和为=%d\n",d[1][1]);
    path();
    getch();
}
```

5. 运行结果

```
请输入数塔层数n=?5
数据为:
9
12 15
10  6  8
2  18  9  5
19  7  10 4 16
路径最大和为=  59
9-->12-->10-->18-->10
```

6. 算法优化

1) 优化说明

为了提高算法的时间效率,可以在动态规划的过程中同时记录每一步决策选择数据的方向,这又需要使用一个二维数组。为了简化算法,最好用一个三维数组 a 存储所有的数据信息。即用 $a[][][1]$ 代替数组 data, $a[][][2]$ 代替数组 d, $a[][][0]$ 记录求解路径。其中, $a[][][0]=0$ 表示向下(在数塔中是向左)"走"; $a[][][0]=1$ 表示向右"走"。

2) 算法说明

算法说明参见表 11-2。

表　11-2

类　　型	名　　称	代表的含义
算法	operate()	求解数塔问题
算法	path()	输出最大和路径
三维数组	a	存储数塔所有的数据信息
变量	n	数塔层数

3) 算法设计

```c
#include "stdio.h"
#define N 50
int  a[N][N][3];
int n;
void operate()                      /*实现数塔求解算法*/
{
    int i,j;
    for(i=n-1;i>=1;i--)
        for(j=1;j<=i;j++)
            if(a[i+1][j][2]>a[i+1][j+1][2])
                a[i][j][2]=a[i][j][2]+a[i+1][j][2];
            else
            {
                a[i][j][2]=a[i][j][2]+a[i+1][j+1][2];
                a[i][j][0]=1;
            }
}
```

```
void path()                                    /* 输出最大和路径 */
{
    int i,k;
    printf(" %d",a[1][1][1]);
    k=1;
    for(i=2;i<=n;i++)
    {
        k+=a[i][k][0];
        printf("-->%d",a[i][k][1]);
    }
}
void main()
{
int i,j;
    printf("请输入数塔层数 n=?");
    scanf("%d",&n);
    printf("数据为:\n");
    for(i=1;i<=n;i++)
        for(j=1;j<=i;j++)
        {
            scanf("%d",&a[i][j][1]);
            a[i][j][2]=a[i][j][1];
            a[i][j][0]=0;
        }
    operate();
    printf("路径最大和为=%d\n",a[1][1][2]);
    path();
    getch();
}
```

11.2.2 零钱兑换问题

1. 问题描述

假设一个数组 money 表示不同面额的货币，一个整数 amount 表示总金额。需要计算并返回凑成总金额所需的最小货币数量。如果没有任何一种组合能组成总金额，就输出 -1。

2. 问题分析

先来判断是否有最优子结构？如果知道子问题中总面额为 i 的最优解 $dp[i]$ 和小于总面额为 i 的最优解，那么当面对货币 $money[j]$，如果 i 大于 $money[j]$，就在子问题 $dp[i]$ 和子问题 $dp[i-money[j]]+1$ 选择最小值。这满足最优子结构。

另外考虑初始状态。$dp[0]$ 表示总金额为 0 的货币，0 张货币。子问题总金额 1 到 amount 可以初始化为 amount＋1，表示开始时不知道多少张货币，取一个比较大的货币张数。从子问题 1 到 amount 逐个求解。如果子问题 dp[mount]做选择时没有经过 dp[0],那么它的值最后一定大于 amount。如果做选择时经过 dp[0]则表示恰好能兑换 amount,因为 dp[0]已知。

用外层循环中的 i 表示子问题的总金额,取值范围从 1 到 amount;用内层循环来遍历货币,从 0 开始,到 n 结束;用双层循环来实现每一个子问题对选取货币的最优解。如果子问题的总金额大于货币面额,子问题 dp[i]就在不选和选中取最小值,这就实现了最优解。

这个问题为什么不能采用贪心法(每次选择总额能达到的最大面额)?因为选了最大面额不一定能凑成总面额 amount。如面额为 100,8 的货币,amount 等于 160,如果选择了 100,剩下的 60 就不能用若干个 8 元兑换了,所以应该选择 20 张 8 元。

3. 算法说明

算法说明参见表 11-3。

表 11-3

类 型	名 称	代表的含义
算法	min(int x, int y)	求 x 和 y 中的最小值
算法	solve(int dp[], int money[], int n, int amount)	解决零钱兑换
形参数组	dp[i]	表示总金额为 i 时的最少货币张数
形参数组	money	存储每张货币的面值
形参变量	n	n 张货币
形参变量	amount	表示总金额

4. 算法设计

```
#include<stdio.h>
int min(int x, int y)
{
    return x <y ? x : y;
}
void solve(int dp[], int money[], int n, int amount)
{
    int i, j;
    for (i =1; i <=amount; i++)
            dp[i] =amount +1;
    /* dp 数组里的元素初始化为 amount +1,下面要不断比较并存储最小的最优方案,因此先赋值一个比较大的数。注意 dp[0]没有赋予为 amount +1,等于 0 * /
    for (i =1; i <=amount; i++)
    {
        for (j =0; j <n; j++)
```

```
        {
            if (i >=money[j])
                dp[i] =min(dp[i], dp[i -money[j]] +1);
        }
    }
    /* 如果 dp[mount]做选择时没有经过 dp[0],它的值一定大于 amount;如果做选择
时经过 dp[0]表示恰好能兑换 amount */
}
int main()
{
    int dp[10005], money[10005];
    int i, n, amount;
    scanf("%d%d", &n, &amount);
    for (i =0; i <n; i++)
        scanf("%d", &money[i]);
    solve(dp, money, n, amount);
    if (dp[amount] >amount)
        printf("-1\n");
    else
        printf("%d\n", dp[amount]);
    return 0;
}
```

5. 运行结果

```
2 160
100 S
20
```

11.2.3 最长公共子序列问题

1. 问题描述

规定称序列 $Z=(z_1,z_2,\cdots,z_k)$ 是序列 $X=(x_1,x_2,\cdots,x_m)$ 的子序列当且仅当存在严格的序列 $(i_1,i_2,\cdots,i_k)$，使得 $j=1,2,\cdots,k$，有 $x_{ij}=z_j$。例如 $Z=(a,b,f,c)$ 是 $X=(a,b,c,f,b,c)$ 的子序列。

现在给出两个序列 X 和 Y，任务是找到 X 和 Y 的最长公共子序列，也就是要找到一个最长的序列 Z，使得 Z 既是 X 的子序列也是 Y 的子序列。

2. 问题分析

如果用字符数组 $s1,s2$ 存放两个字符串，用 $s1[i]$ 表示 $s1$ 中的第 i 个字符，$s2[j]$ 表示 $s2$ 中的第 j 个字符（字符标号从 1 开始,不存在"第 0 个字符"），用 $s1_i$ 表示 $s1$ 的前 i 个字符所构成的子串，$s2_j$ 表示 $s2$ 的前 j 个字符构成的子串，$MaxLen(i,j)$ 表示 $s1_i$ 和 $s2_j$ 的最长公共子序列的长度，那么递归关系如下：

```
if(i==0||j==0)
    MaxLen(i,j)=0;        /* 两个串有一个是空串,那么它们的最长公共子序列长度为 0 */
else if(s1[i]==s2[j])
    MaxLen(i,j)=MaxLen(i-1,j-1)+1;
else
    MaxLen(i,j)=Max(MaxLen(i,j-1),MaxLen(i-1,j));
```

这里 $MaxLen(i,j)=Max(MaxLen(i,j-1),MaxLen(i-1,j))$ 这个递归关系需要证明一下。用反证法来证明,$MaxLen(i,j)$ 不可能比 $MaxLen(i,j-1)$ 和 $MaxLen(i-1,j)$ 都大。先假设 $MaxLen(i,j)$ 比 $MaxLen(i-1,j)$ 大。如果是这样的话,那么一定是 $s1[i]$ 起作用了,即 $s1[i]$ 是 $s1_i$ 和 $s2_j$ 的最长公共子序列里的最后一个字符。同样,如果 $MaxLen(i,j)$ 比 $MaxLen(i,j-1)$ 大,也能够推导出,$s2[j]$ 是 $s1_i$ 和 $s2_j$ 的最长公共子序列里的最后一个字符。即,如果 $MaxLen(i,j)$ 比 $MaxLen(i,j-1)$ 和 $MaxLen(i-1,j)$ 都大,那么,$s1[i]$ 应该和 $s2[j]$ 相等。但这与应用本递归关系的前提:$s1[i] \neq s2[j]$ 相矛盾。因此 $MaxLen(i,j)$ 不可能比 $MaxLen(i,j-1)$ 和 $MaxLen(i-1,j)$ 都大。又因为 $MaxLen(i,j)$ 不会比 $MaxLen(i,j-1)$ 和 $MaxLen(i-1,j)$ 中的任何一个小,所以,$MaxLen(i,j)=Max(MaxLen(i,j-1),MaxLen(i-1,j))$ 必然成立。

显然本题目的状态就是 $s1$ 中的位置 i 和 $s2$ 中的位置 j。“值”就是 $MaxLen(i,j)$。状态数目就是 $s1$ 长度和 $s2$ 长度的乘积。可以用一个二维数组来存储各个状态下的值。本问题的两个子问题和原问题形式完全一致,只不过规模小了一点。

3. 算法说明

算法说明参见表 11-4。

表　11-4

类　型	名　称	代表的含义
算法	fun()	求最长公共子序列的长度
二维数组	aMaxLen	用来存储公共子序列长度
一维数组	sz1	字符串 1
一维数组	sz2	字符串 2

4. 算法设计

```
#include "stdio.h"
#include "string.h"
#define MAX_LEN 1000
int i,j;
int nLength1,nLength2,nLen1,nLen2;
char sz1[MAX_LEN];                        /* 字符串 1 */
char sz2[MAX_LEN];                        /* 字符串 2 */
int aMaxLen[MAX_LEN][MAX_LEN];
```

```
void fun()                              /* 求最长公共子序列的长度算法 */
{
    for(i=1;i<=nLength1;i++)
    {
        for(j=1;j<=nLength2;j++)
        {
            if(sz1[i]==sz2[j])
                aMaxLen[i][j]=aMaxLen[i-1][j-1]+1;
            else
            {
                nLen1=aMaxLen[i][j-1];
                nLen2=aMaxLen[i-1][j];
                if(nLen1>nLen2)
                    aMaxLen[i][j]=nLen1;
                else
                    aMaxLen[i][j]=nLen2;
            }
        }
    }
}
void main()
{
printf("请输入两个字符串:\n");
    scanf("%s%s",sz1+1,sz2+1);
    nLength1=strlen(sz1+1);
    nLength2=strlen(sz2+1);
    for(i=0;i<=nLength1;i++)
        aMaxLen[i][0]=0;
    for(j=0;j<=nLength2;j++)
        aMaxLen[0][j]=0;
    fun();
    printf("最长公共子序列长度为:%d\n",aMaxLen[nLength1][nLength2]);
}
```

5. 运行结果

请输入两个字符串：
abcfbc
abfcab
最长公共子序列长度为：4

6. 算法优化

1）优化说明

改进本题的程序，使之输出最长的公共子序列。

在算法 lcs_len() 中，计算出二维数组 aMaxLen[][]；再利用该数组由 buile_lcs() 算法求出最长公共子序列。

　　事实上,数组元素 aMaxLen$[i][j]$的值仅由 aMaxLen$[i-1][j-1]$,aMaxLen$[i-1][j]$ 和 aMaxLen$[i][j-1]$这三个数组元素的值确定。

　　如果只需要计算最长公共子序列的长度,则算法的空间需求可大大减少。事实上,在计算 aMaxLen$[i][j]$时,只用到数组 aMaxLen 的第 i 行和第 $i-1$ 行。因此,用两行的数组空间就可以计算出最长公共子序列的长度。

　　2) 算法说明

　　算法说明参见表 11-5。

表　11-5

类　　型	名　　称	代表的含义
算法	lcs_len()	求最长公共子序列的长度
算法	buile_lcs()	求最长公共子序列
二维数组	aMaxLen	用来存储公共子序列长度
一维数组	a	字符串1
一维数组	b	字符串2
一维数组	str	存储最长公共子序列

　　3) 算法设计

```c
#include "stdio.h"
#include "string.h"
#define Num 100
char a[Num],b[Num], str[Num];
int aMaxLen[Num][Num];
int lcs_len(int i,int j)
{
    int t1,t2;
    if(i==0||j==0)
        aMaxLen[i][j]=0;
    else
        if(a[i-1]==b[j-1])
            aMaxLen[i][j]=lcs_len(i-1,j-1)+1;
        else
        {
            t1=lcs_len(i,j-1);
            t2=lcs_len(i-1,j);
            if(t1>t2)
                aMaxLen[i][j]=t1;
            else
                aMaxLen[i][j]=t2;
        }
    return (aMaxLen[i][j]);
```

```
}
void buile_lcs(int k,int i,int j)
{
    if(i==0||j==0)
    return;
    if(aMaxLen[i][j]==aMaxLen[i-1][j])
        buile_lcs(k,i-1,j);
    else if(aMaxLen[i][j]==aMaxLen[i][j-1])
        buile_lcs(k,i,j-1);
    else
    {
        str[k-1]=a[i-1];
        buile_lcs(k-1,i-1,j-1);
    }
}
main()
{
    int m,n,k;
    printf("请输入两个字符串:\n");
    scanf("%s%s",a,b);
    m=strlen(a);
    n=strlen(b);
    k=lcs_len(n,m);
    buile_lcs(k,n,m);
    printf("最大公共字符串为:%s\n",str);
}
```

4）运行结果

```
请输入两个字符串：
abcdef
abedkf
最大公共字符串为:abdf
```

11.2.4　最长上升子序列问题

1. 问题描述

一个数的序列 b_i，当 $b_1 < b_2 < \cdots < b_s$ 的时候，称这个序列是上升的。对于给定的一个序列 $(a_1, a_2, \cdots, a_N)$，可以得到一些上升的子序列 $(a_{i1}, a_{i2}, \cdots, a_{ik})$，这里 $1 \leqslant i_1 < i_2 < \cdots < i_k \leqslant N$。例如，序列 $(1, 7, 3, 5, 9, 4, 8)$ 的上升子序列有 $(1, 7)$，$(3, 4, 8)$ 等。这些子序列中最长的长度是 4，如子序列 $(1, 3, 5, 8)$。求给定序列的最长上升子序列长度。

2. 问题分析

如何把这个问题分解成子问题呢？经过分析，发现"求以 a_k（$k = 1, 2, 3, \cdots, N$）为终点的最长上升子序列的长度"是个好的子问题——这里把一个上升的子序列中最右边的那个数称为该子序列的"终点"。虽然这个子问题和原问题在形式上并不完全一样,但是只要这 N 个子问题都解决了,那么这 N 个子问题的解中,最大的那个就是整个问题的解。

上述的子问题只和一个变量相关,就是数字的位置。因此序列中数的位置 k 就是"状态",而"状态"k 对应的"值"就是以 a_k 作为"终点"的最长上升子序列的长度。这个问题的状态一共有 N 个。状态定义出来后,递推关系就不难想了。假定 MaxLen(k) 表示以 a_k 作为终点的最长上升子序列的长度,那么:

$$\begin{cases} \text{MaxLen}(1) = 1 \\ \text{MaxLen}(k) = \text{Max}\{\text{MaxLen}(i) \mid 1 \leqslant i < k \text{ 且 } a_i < a_k \text{ 且 } k \neq 1\} + 1 \end{cases}$$

其含义是:MaxLen(k) 的值,就是在 a_k 左边,"终点"数值小于 a_k,且长度最大的那个上升子序列的长度再加上 1。因为 a_k 左边任何"终点"小于 a_k 的子序列,加上 a_k 后就能形成一个更长的上升子序列。

实现的时候,可以不编写递归算法,因为从 MaxLen(1) 就能推算出 MaxLen(2),有了 MaxLen(1) 和 MaxLen(2) 就能推算出 MaxLen(3)……

3. 算法说明

算法说明参见表 11-6。

表 11-6

类　型	名　称	代表的含义
算法	fun()	求最长上升子序列长度
一维数组	b	存储测试用例
一维数组	aMaxLen	存储中间值

4. 算法设计

```c
#include "stdio.h"
#include "memory.h"
#define MAX_N 1000              /*宏定义变量,大小取决于问题复杂程度*/
int b[MAX_N+10];
int aMaxLen[MAX_N+10];
int i,j,nTmp,nMax;
int n;
void fun()                      /*求最长上升子序列长度算法*/
{
    aMaxLen[1]=1;
    for(i=2;i<=n;i++)
    {
        nTmp=0;
        for(j=1;j<i;j++)
            if(b[i]>b[j])
```

```
                {
                    if(nTmp<aMaxLen[j])
                        nTmp=aMaxLen[j];
                }
            aMaxLen[i]=nTmp+1;
        }
    nMax=-1;
    for(i=1;i<=n;i++)
        if(nMax<aMaxLen[i])
            nMax=aMaxLen[i];
}
void main()
{
    printf("请输入要测试的数的序列长度:",nMax);
        printf("请输入要测试的数的序列:");
    scanf("%d",&n);
    for(i=1;i<=n;i++)
        scanf("%d",&b[i]);
    fun();
    printf("最长上升子序列长度为:%d\n",nMax);
}
```

5. 运行结果

```
请输入要测试的数的序列长度: 7
请输入要测试的数的序列: 1 7 3 5 9 4 8
最长上升子序列长度为: 4
```

6. 算法优化

1）优化说明

改进本题的算法,使之输出最长不下降子序列。

下面算法中,用数组 $b[]$ 记录当前最长不下降子序列的长度,用数组 pre[] 记录最长不下降子序列的后继数据的编号位置,相当于使用了静态链表,因此,可由逆推法构造最长不下降子序列。

2）算法说明

算法说明参见表 11-7。

表 11-7

类　型	名　称	代表的含义
算法	fun(int n,int a[],int pre[])	求最长上升子序列长度
形参变量	n	数列中数据的个数
形参数组	a	存储数列中的数据
形参数组	pre	保存最长上升子序列

3）算法设计

```
#include "stdio.h"
#define MAXN 200                        /* 标识符常量,大小取决于问题的复杂程度 */
int fun(int n,int a[],int pre[])        /* 求最长上升子序列 */
{
    int b[MAXN],c[MAXN],num;
    int i, j,max,lab,pre[MAXN];
    b[1]=1;
    pre[1]=0;
    for (i=2; i <=n; i++)
    {
        max=0;
        for (j=i -1; j >=1; j--)
            if (a[j] <a[i] && b[j] >max)
            {
                max=b[j];
                pre[i]=j;
            }
        b[i]=max +1;
    }
    max=b[1];
    for (i=2; i <=n; i++)
        if (b[i] >max)
        {
            max=b[i];
            lab=i;                       /* lab: max 对应的 a 数组元素下标 */
        }
    i=lab;                               /* 构造最长不下降子序列 */
    num=max;
    while(num>0)
    {
        pre[num]=a[i];
        i=pre[i];
        num--;
    }
    return(max);
}
void main()
{
    int n, a[MAXN],temp[MAXN];
    int i,max;
    printf("请输人要测试的数据个数 n=? ");
```

```
        scanf("%d", &n);
        printf("请输入数据:");
        for (i=1; i <=n; i++)
            scanf("%d", &a[i]);
        max=fun(n,a,temp);
        printf("最大长度为=%5d\n",max);
        printf(" 相应的字符串为:");
        for(i=1;i<=max;i++)
            printf("%5d",temp[i]);
    }
```

4）运行结果

```
请输入要测试的数据个数 n=??
请输入数据:1 7 3 5 9 4 8
最大长度为=      4
相应的字符串为:      1      3      5      9
```

11.2.5　聪明的杰瑞

1. 问题描述

杰瑞计划收集沿街房屋内的奶酪。每间房内都藏有一定的奶酪。

影响杰瑞的唯一制约因素就是相邻的房屋装有相互连通的防盗系统，如果两间相邻的房屋在同一晚上被杰瑞进入，系统会自动报警。

给定一个代表每个房屋存放奶酪数量的非负整数数组，计算杰瑞不触动警报装置的情况下，一夜之内能够收集到的最多奶酪的数量。

2. 问题分析

面对动态规划的问题主要思路为由大化小，当数据量很大的时候不妨先减少一些来看。

假如本题给出一个含有 6 个数据的数组 [2,9,1,1,8,1]，要尽可能找最多奶酪的数量，如果摸不着头脑，那么不妨再减少一些，5 个数据？4 个数据？3 个数据？2 个数据？下面对数据个数进行分析。

1）一个数据时

[2]——此时最优解为 2。

2）两个数据时

[2,9]——此时最优解为 9。

3）三个数据时

[2,9,1]——因为上一种情况的最优解和 1 挨着，所以此时要么选 1 要么不选 1：

① 选 1 就舍弃了上一种情况的最优解，转而选择了上上种情况的最优解，上上种情况的最优解为 2，因此此时 1+2=3；

② 不选 1 就延续了上一种情况的最优解，此时仍为 9。

权衡之下 9>3，因此三个数据时的最优解为 9。

4）四个数据时

[2,9,1,1]——因为上一种情况的最优解和 1 不挨着，所以选择 9+1=10。

5）五个数据时

[2,9,1,1,8]——因为上一种情况的最优解和 8 挨着，所以要么选 8 要么不选 8：

① 选 8 就舍弃了上一种情况的最优解，转而选择了上上种情况的最优解，上上种情况的最优解为 9，因此此时 8+9=17；

② 不选 8 就延续了上一种情况的最优解，此时仍为 10。

权衡之下 17 > 10，因此五个数据时的最优解为 17。

6）六个数据时

[2,9,1,1,8,1]——因为上一种情况的最优解和 1 挨着，所以要么选 1 要么不选 1：

① 选 1 就舍弃了上一种情况的最优解，转而选择了上上种情况的最优解，上上种情况的最优解为 10，因此此时 1+10=11；

② 不选 1 就延续了上一种情况的最优解，此时仍为 17。

权衡之下 17 > 11，因此六个数据时的最优解为 17。

通过上述举例可发现，其实只需要注意一个因素，即上一种情况的最优解是否和本数据挨着：

① 不挨着，直接上一个数据最优解与本数据相加即为本次最优解；

② 挨着，需比较一下加上本数据划不划算。

既然会了 6 个数据的解决方法，那么能不能会 7 个数据的解决方法呢？ 8 个数据呢？更多数据呢？ 其实原理都是一样的，具体思想可结合代码理解。

3. 算法说明

算法说明参见表 11-8。

表　11-8

类　　型	名　　称	代表的含义
算法	dfs(int arr[], int len)	求最多奶酪的数量
形参数组	arr	储存输入的数据
形参变量	len	数组长度

4. 算法实现

```
#include <stdio.h>
int dfs(int arr[], int len)
{
    int JiLu =0;
/* 记录本种情况最优解所包含的数据是否与下一个数据挨着,挨着为1,不挨着为 0 */
    double sum[1005] ={ 0 };
    /* 用来存储第 1 至第 len 种情况最优解的值 */
    sum[0] =0;
    for (int i =1; i <=len; i++)
```

```
    {
        if (JiLu)          /* 如果和下一个数据挨着,则需比较一下加上本数据划不划算 */
        {
            if (arr[i] + sum[i - 2] >= sum[i - 1])
        /* 如果本数据加上上次情况的最优解大于上次情况的最优解,则加上本数据 */
            {
                sum[i] = arr[i] + sum[i - 2];              /* 加上本数据 */
                JiLu = 1;
        /* 记录值改为 1,表示本情况最优解所包含的数据和下一个数据挨着 */
            }
            else
        /* 如果本数据加上上次情况的最优解小于上次情况的最优解,则不加本数据 */
            {
                sum[i] = sum[i - 1];                       /* 不加本数据 */
                JiLu = 0;
        /* 记录值改为 0,表示本情况最优解所包含的数据和下一个数据不挨着 */
            }
        }
        else
        /* 如果和下一个数据不挨着,则上一个数据最优解与本数据相加即为本次最优解 */
        {
            sum[i] = sum[i - 1] + arr[i];
        /* 上一个数据最优解与本数据相加 */
            JiLu = 1;
        /* 记录值改为 1,表示本情况最优解所包含的数据和下一个数据挨着 */
        }
    }
    return sum[len];                              /* 返回第 len 种情况的最优解 */
}
int main()
{
    int len = 0;
    scanf("%d", &len);                            /* 输入数组长度 len */
    int arr[1005] = { 0 };                        /* 储存数据的数组 */
    int i = 1;
    for (i = 1; i <= len; i++)                    /* 从 i=1 开始赋值便于函数编写 */
    {
        scanf("%d", &arr[i]);
    }
    printf("%d\n", dfs(arr, len));                /* 调用动态规划函数输出最优解 */
    return 0;
}
```

5. 运行结果

6. 算法优化

1) 优化说明

上述算法中最后只要 sum[len] 一个值,那么就没有必要使用数组了,不使用 sum 数组时只需要实时比较大小选出大的值即可,具体思想可结合代码理解。

2) 算法说明

算法说明同上。

3) 算法设计

```c
#include <stdio.h>
#include <math.h>                    /* math.h 头文件,包含 fmax() 函数 */

int dfs(int arr[], int len)
{
    int pre =0, cur =0, tmp;
    int i =0;
    for (i =0; i <len; i++)
    {
        int num =arr[i];
        tmp =cur;
        cur =fmax(pre +num, cur);    /* fmax() 函数用来比较大小,在 math.h 库中 */
        pre =tmp;
    }
    return cur;
}
int main()
{
    int len =0;
    scanf("%d", &len);
    int arr[1005] ={ 0 };
    int i =1;
    for (i =0; i <len; i++)
    {
        scanf("%d", &arr[i]);
    }
    printf("%d\n", dfs(arr, len));
    return 0;
}
```

11.3 小 结

动态规划法与贪婪法类似，是通过多阶段决策过程来解决问题的。每个阶段决策的结果都是一个决策结果序列，在结果序列中，最终哪一个是最优结果，取决于以后每个阶段的决策，这个决策过程称为"动态"规划法。当然，每一次的决策结果序列都必须进行存储。因此，可以说"动态规划是高效率、高消费的算法"。

动态规划与递归法类似，动态规划根据不同阶段之间的状态转移，通过应用递推求得问题的最优值。注意，不能把动态规划与递推法两种算法相混淆。

动态规划法与分治法类似，其基本思想也是将待求解的问题分解成若干个子问题，但是经分解得到的子问题往往不是互相独立的。不同子问题的数目常常只有多项式量级。在用分治法求解时，有些子问题被重复计算了许多次。如果能够保存已解决的子问题的答案，而在需要时再找出已求得的答案，就可以避免大量重复计算，从而得到多项式时间算法。

应用动态规划设计求解最优化问题时，根据问题最优解的特性，找出最优解的递推关系（递归关系），是求解的关键。至于应用递推还是递归求取最优值，递推时应用正推还是应用逆推，可由设计者自己来确定。一般来说，应用递推求最优值比应用递归求最优值效率要高。

应用动态规划设计求解最优化问题，当最优值求出后，如何根据案例的具体实际构造最优解，是求解的难点。构造最优解，没有一般的模式可套，必须结合问题的具体实际，在递推最优解时有针对性地记录若干必要的信息。

习 题

11-1 最少硬币问题。有 n 种不同面值的硬币，各硬币面值存于数组 $T[1{:}n]$。现用这些面值的钱来凑成指定的钱数。各面值的个数存在数组 $\text{Num}[1{:}n]$ 中。

要求：对于给定的 $1 \leqslant n \leqslant 10$、硬币面值数组、各面值的个数及钱数 $m(0 \leqslant m \leqslant 2001)$，请编程计算钱数 m 对应的最少硬币数。

11-2 编辑距离问题。设 A 和 B 是两个字符串。要用最少的字符操作将字符串 A 转换为字符串 B。这里所说的字符操作包括：删除一个字符，插入一个字符，将一个字符改为另一个字符。将字符串 A 变换为字符串 B 所用的最少字符操作数称为字符串 A 到 B 的编辑距离，记为 $d(A,B)$。试设计一个有效算法，对任意给出的两个字符串 A 和 B 计算编辑距离 $d(A,B)$。

11-3 石堆合并问题。在一个圆形操场的四周摆放着 n 堆石子。现要将石堆有次序地合并成一堆。规定每次只能选相邻的两堆石子合并成新的一堆，并将新的一堆石子数记为该次合并的得分。试设计一个算法，计算出将 n 堆石子合并成一堆石子的最小得分和最大得分。

11-4 最小 m 段和问题。给定 n 个整数组成的序列，现在要求将序列分割为 m 段，每段子序列中的数在原序列中连续排列。如何分割才能使这 m 段子序列的和的最大值达到最小?

11-5 圈乘法运算问题。关于整数的二元圈乘运算 $\odot$ 定义为 $(X \odot Y)$ 等于十进制整数 X 的各位数字之和乘十进制整数 Y 的最大数字加 Y 的最小数字。例如,$(9 \odot 30) = 9 \times 3 + 0 = 27$。对于给定的十进制整数 X 和 K,由 X 和 $\odot$ 运算可以组成各种不同的表达式。试设计一个算法,计算出由 X 和 $\odot$ 运算组成的值为 K 的表达式最少需用多少个 $\odot$ 运算。给定十进制整数 X 和 K($1 \leqslant X, K \leqslant 1020$)。

11-6 最大长方体问题。一个长、宽、高分别为 m, n, p 的长方体被分割成 $m \times n \times p$ 个小立方体。每个小立方体内有一个整数。试设计一个算法,计算出所给长方体的最大子长方体。子长方体的大小由它所有整数之和确定。Input 输入的第 1 行是 3 个正整数 m, n, p($1 \leqslant m, n, p \leqslant 50$)。接下来 $m \times n$ 行,每行 p 个正整数,表示小立方体中的数。Output 程序运行结束时,计算最大子长方体的大小并输出。

11-7 最大 k 乘积问题。设 I 是一个 n 位十进制整数。如果将 I 划分为 k 段,则可得到 k 个整数。这 k 个整数的乘积称为 I 的一个 k 乘积。试设计一个算法,对于给定的 I 和 k,求出 I 的最大 k 乘积。

11-8 最少费用购物问题。商店中每种商品都有标价,例如,一朵花的价格是 2 元,一个花瓶的价格是 5 元。为了吸引顾客,商店提供了一组优惠商品价。优惠商品是把一种或多种商品分成一组,并降价销售。例如,3 朵花的价格不是 6 元而是 5 元,2 个花瓶加 1 朵花的优惠价是 10 元。试设计一个算法,计算出某一顾客所购商品应付的最少费用。即对于给定欲购商品的价格和数量以及优惠商品价,编程计算所购商品应付的最少费用。

11-9 双调旅行售票员问题。平面上 n 个点确定一条连接各点的最短闭合旅程。这个解的一般形式为 NP 类的(在多项式时间内可以求出),J. L. Bentley 建议通过只考虑双调旅程(Bitonic Tour)来简化问题,这种旅程即为从最左点开始,严格地从左到右直至最右点,然后严格地从右到左直至出发点。图 11-2(b)显示了同样的 7 个点的最短双调路线。在这种情况下,多项式的算法是可能的。事实上,存在确定的最优双调路线的 $O(n^2)$ 时间的算法。

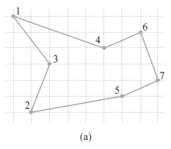
(a)

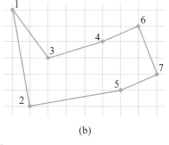
(b)

图 11-2

11-10 最优时间表问题。一台精密仪器的工作时间为 n 个时间单位,与仪器工作时间同步进行若干仪器维修程序。一旦启动维修程序,仪器必须进入维修程序。如果只有一个维修程序启动,则必须进入该维修程序。如果在同一时刻有多个维修程序,可任选进入其中的一个维修程序。维修程序必须从头开始,不能从中间插入。一个维修程序从第 s 个时间单位开始,持续 t 个时间单位,则该维修程序在第 $s+t-1$ 个时间单位结束。为了提高仪器的使用效率,希望安排尽可能少的维修时间。试针对给定的维修程序时间表,计算最优时间表下的维修时间。

11-11 红黑树的红色内结点问题。红黑树本身是二叉搜索树,同时它应该始终满足以下性质:红黑树每个结点颜色非红即黑,根结点颜色必须为黑色,每个叶结点颜色均为黑,不可以出现相邻的两个红色结点,对于每个结点,其左右子树中的黑色结点个数必须相等。试求红色内结点的个数。

11-12 m 处理器问题。在一个网络通信系统中,要将 n 个数据包一次分配给 m 个处理器进行数据处理,并要求处理器负载尽可能均衡。试求最优解。

11-13 矩形嵌套。有 n 个矩形,矩形用 a,b 来表示长和宽。矩形 $X(a,b)$ 可以嵌套在矩形 $Y(c,d)$ 中当且仅当 $a<c,b<d$ 或者 $b<c,a<d$。例如 $(1,5)$ 可以嵌套在 $(6,2)$ 内,但不能嵌套在 $(3,4)$ 中。你的任务是选出尽可能多的矩形排成一行,使得除最后一个外,每一个矩形都可以嵌套在下一个矩形内。

11-14 导弹拦截问题。某国为了防御敌国的导弹袭击,开发了一种导弹拦截系统。但是这种导弹拦截系统有一个缺陷,虽然它的第一发炮弹能够到达任意的高度,但是以后每一发炮弹都达不到前一发的高度。某天,雷达捕捉到敌国导弹来袭,因为该系统还在试用阶段,所以只用一套系统肯定不能拦截到所有的导弹。

输入:第一行输入测试数据组数 $N(1 \leqslant N \leqslant 10)$,接下来一行输入这组测试数据共有多少个导弹 $m(1 \leqslant m \leqslant 20)$,接下来一行输入导弹依次飞来的高度,所有高度值均是大于 0 的正整数。

输出:最多能拦截的导弹数目。

11-15 C 小加问题。C 小加有一些木棒,它们的长度和质量均已知,需要一个机器处理这些木棒,机器开启的时候需要耗费一个单位的时间,如果第 $i+1$ 个木棒的重量和长度都大于等于第 i 个处理的木棒,那么将不会耗费时间,否则需要消耗一个单位的时间。因为急着去约会,C 小加想在最短的时间内把木棒处理完,你能告诉他应该怎样做吗?

11-16 完全背包问题。完全背包定义有 N 种物品和一个容量为 V 的背包,每种物品件数足够多。第 i 种物品的体积是 c,价值是 w。求将哪些物品装入背包可使这些物品的体积总和不超过背包容量,且价值总和最大。本题要求的是物品恰好装满背包时,最大价值总和是多少。如果不能恰好装满背包,输出 NO。

11-17 邮票分你一半问题。小珂最近收集了一些邮票,他想把其中的一些给他的好朋友小明。每张邮票上都有分值,他们想把这些邮票分成两份,并且使这两份邮票的分值和相差最小(即小珂得到的邮票分值和与小明的差值最小)。现在,每张邮票的分值已知,且已经分好,你知道他们手上的邮票分值和相差多少吗?

11-18 排列问题。小明十分聪明,而且十分擅长排列计算。某天,小明心血来潮想考考你,他给你一个正整数 n,序列 $1,2,3,4,5,\cdots,n$ 满足以下情况的排列:第一个数必须是 1,相邻两个数之差不大于 2。你的任务是给出排列的种数。

11-19　完全覆盖问题。某天,小明在玩一种游戏——用 2×1 或 1×2 的骨牌把 $m\times n$ 的棋盘完全覆盖。但他感觉把棋盘完全覆盖有点简单,就想能不能把完全覆盖的种数求出来? 小明能解决出来吗?

11-20　汽车加油行驶问题。给定一个 $N\times N$ 的方形网格,设其左上角为起点,坐标为 $(1,1)$,X 轴向右为正,Y 轴向下为正,每个方格边长为 1。一辆汽车从起点出发驶向右下角终点,其坐标为 (N,N)。在若干个网格交叉点处,设置了油库,可供汽车在行驶途中加油。汽车在行驶过程中应遵守规则:汽车只能沿网格边行驶,装满油后能行驶 K 条网格边。出发时汽车已装满油,在起点与终点处不设油库。当汽车行驶经过一条网格边时,若其 X 坐标或 Y 坐标减小,则应付费用 B,否则免付费用。汽车在行驶过程中遇油库则应加满油并付加油费用 A。在需要时可在网格点处增设油库,并付增设油库费用 C(不含加油费用 A)。要求 K、A、B、C 均为正整数。求汽车从起点出发到达终点的一条所付费用最少的行驶路线。

11-21　一个机器人位于一个 $m\ x\ n$(m 是长,n 是高。)网格的左上角。机器人每次只能向下或者向右移动一步。机器人试图达到网格的右下角。问总共有多少条不同的路径?

第 **12** 章　综合应用

12.1　上楼梯

问题描述

楼梯有 N 阶,上楼时可以一步上一阶,也可以一步上二阶,还可以一步上三阶。

编一个程序,计算共有多少种不同的走法。

● 算法设计方法1: 递归法

1. 问题分析

上一阶台阶只有一种上台阶的方式;上两阶台阶有两种上台阶的方式,分别是一步上两阶台阶,和先上一节台阶再上一节台阶;上三阶台阶有四种上台阶的方式,分别是直接一步上三阶台阶,先上一节台阶再上两阶台阶,先上两阶台阶再上一节台阶,和上三次一节台阶。

根据上述规律,从第四阶台阶开始,每一阶台阶的走法都是前面三阶走法的和,即斐波那契数列的变形。

根据前面的规律,用递归算法描述此数列的数学表达式:

$$F(1)=1$$
$$F(2)=2$$
$$F(3)=4$$
$$F(n)=F(n-1)+F(n-2)+F(n-3) \quad \text{当 } n>3 \text{ 时}$$

2. 算法说明

算法说明参见表12-1。

表　12-1

类　　型	名　　称	代表的含义
算法	Func1(int n)	求上楼梯的走法
形参变量	n	台阶数

3. 算法设计

```c
#include <stdio.h>
int Func1(int n)
{
    if (n ==1 || n ==2)
    {
        return n;
    }
    else if (n ==3)
    {
        return 4;
    }
    else
    {
        return Func1(n -1) +Func1(n -2) +Func1(n -3);
    }
}
int main()
{
    int n;
    printf("请输入台阶数:");
    scanf("%d", &n);
    printf("%d", Func1(n));
    return 0;
}
```

4. 运行结果

```
请输入台阶数:6
24
```

• **算法设计方法 2：递推法**

1. 问题分析

根据题意，设前三阶台阶的走法分别为 a，b，c 则下一阶台阶的走法 d ＝ a＋b＋c，并且后面连续三阶台阶均可由计算式子：d ＝ a ＋ b ＋ c 求得，而且此后的计算规律不变，因此只需要用三个变量 a，b，c 代表前三阶台阶的走法，并且一直递推 a，b，c 的值即可。

2. 算法说明

算法说明参见表 12-2。

表 12-2

类 型	名 称	代表的含义
算法	Func2(int n)	求上楼梯的走法
形参变量	n	台阶数

3. 算法设计

```c
#include <stdio.h>
int   Func2(int n)
{
    int a =1, b =2, c =4, d;
    for (int i =4; i <=n; i++)
    {
        d =a +b +c;
        a =b;
        b =c;
        c =d;
    }
    return d;
}
int main()
{
    int n;
    printf("请输入台阶数:");
    scanf("%d", &n);
    printf("%d", Func2(n));
    return 0;
}
```

4. 运行结果

```
请输入台阶数:6
24
```

• 算法设计方法 3:求值法

1. 问题分析

前面给出了求解该问题的递归法和递推法,虽然都能解决该问题,但是每层台阶的走法并没有在内存中保存。如果想要输出某一节台阶的走法,还必须重新计算。这时,如果用数组来处理,则更简单了! 依次将所求得的数值存放在相应的数组元素中就可以了。

2. 算法说明

算法说明参见表 12-3。

表 12-3

类 型	名 称	代表的含义
算法	Func3(int n)	求上楼梯的走法
形参变量	n	台阶数
数组	dp	存储当前台阶数的走法

3. 算法设计

```c
#include <stdio.h>
int Func3(int n)
{
    int dp[2005];
    dp[1] =1;
    dp[2] =2;
    dp[3] =4;
    for (int i =4; i <=n; i++)
    {
        dp[i] =dp[i -1] +dp[i -2] +dp[i -3];
    }
    return dp[n];
}
int main()
{
    int n;
    printf("请输入台阶数:");
    scanf("%d", &n);
    printf("%d",Func3(n));
    return 0;
}
```

4. 运行结果

```
请输入台阶数:6
24
```

12.2 π 值 求 法

问题描述

π 是数学及物理学领域经常使用的数学常数。大写 Ⅱ，小写 π。π 表示数学圆周率，是平面上圆的周长与直径之比，也等于圆的面积与半径平方的比值。

中国数学家刘徽在注释《九章算术》（263 年）时用圆的内接正多边形求得 π 的近似值，并得出精确到两位小数的 π 值，他的方法被后人称为割圆术。

电子计算机的出现使 π 值的计算有了突飞猛进的发展。1949 年，美国马里兰州阿伯丁的军队弹道研究实验室首次用计算机（ENIAC）计算 π 值，一下子就算到 2037 位小数，突破了小数点后千位数字。1989 年，美国哥伦比亚大学研究人员用克雷-2 型和 IBM-VF 型巨型电子计算机计算出 π 值小数点后 4.8 亿位数，后又继续算到小数点后 10.1 亿位数，创下新的纪录。至今，最新纪录是小数点后 25 769 亿位数。

算法设计方法 1：求值法

1. 问题分析

祖冲之曾利用"正多边形逼近"的方法在世界上第一个得到精确度达到小数点后第 6 位的 π 值。

利用圆内接正六边形边长等于半径的特点将边数翻番，作出正十二边形，求出边长，重复这一过程，就可获得所需精度的 π 的近似值。

2. 算法说明

算法说明参见表 12-4。

表　12-4

类　型	名　　称	代表的含义
算法	fun()	利用正多边形逼近法求 π 值
变量	i	正多边形边数
变量	pi	存储 π 值

3. 算法设计

```c
#include "stdio.h"
#include "math.h"
void fun()
{
    double e=0.1,b=0.5,c,d;
    long int i;                          /* i: 正多边形边数 */
    for(i=6;;i*=2)                       /* 正多边形边数加倍 */
    {
        d=1.0-sqrt(1.0-b*b);             /* 计算圆内接正多边形的边长 */
        b=0.5*sqrt(b*b+d*d);
        if(2*i*b-i*e<1e-15)
            break;                       /* 精度达 1e-15 则停止计算 */
        e=b;                /* 保存本次正多边形的边长作为下一次精度控制的依据 */
    }
    printf("pi=%.15lf\n",2*i*b);         /* 输出 π 值 */
    printf("正多边形的边数为:%ld\n",i);   /* 输出正多边形的边数 */
}
main()
{
    fun();
}
```

4. 运行结果

```
pi=3.141592653589794
正多边形的边数为: 100663296
```

- ## 算法设计方法 2：累加法

1. 问题分析

用以下公式求圆周率 π 的近似值，要求近似值截取到公式中的第 n 项，n 的值从键盘输入。

$$(\pi \times \pi)/6 = 1 + 1/(2 \times 2) + 1/(3 \times 3) + \cdots + 1/(n \times n)$$

2. 算法说明

算法说明参见表 12-5。

表 12-5

类　型	名　称	代表的含义
算法	fun(int n)	利用公式累加法求 π 值
形参变量	n	累加的项数
变量	pi	存储 π 值

3. 算法设计

```c
#include "stdio.h"
#include "math.h"
float fun(int n)
{
    int i;
    double sum=0.0;
    for(i=1;i<=n;i++)
        sum=sum+1.0/(i*i);              /*求公式右边的累加和*/
    sum=sqrt(6*sum);                    /*计算π值*/
return sum;
}
void main()
{
    int n;
    float pi;
    printf(" n=");
    scanf("%d",&n);
    pi=fun(n);
    printf("pi=%f\n",pi);
}
```

4. 运行结果

```
n=200
pi=3.136826
```

• 算法设计方法 3：累乘法

1. 问题分析

求圆周率 π 还有一个近似计算公式，要求近似值截取到公式中的第 n 项，n 的值从键盘输入。

$$\pi/2 = \left[(2 \times 2/(1 \times 3)) \times \left[(4 \times 4)/(3 \times 5)\right] \times \cdots \times \left[(n+1) \times (n+1)/(n \times (n+2))\right]\right]$$

2. 算法说明

算法说明参见表 12-6。

表 12-6

类 型	名 称	代表的含义
算法	fun(int n)	利用公式累乘法求 π 值
形参变量	n	累乘的项数一半
变量	pi	存储 π 值

3. 算法设计

```c
#include "stdio.h"
double fun(int n)
{
    int i;
    double p=1.0;
    for(i=1;i<=n;i+=2)
        p*=(1.0*(i+1)*(i+1))/(i*(i+2));        /*求公式右边的累乘积*/
    p*=2;
    return(p);
}
void main()
{
    int n;
    double pi;
    printf(" n=");
    scanf("%d",&n);
    pi=fun(n);
    printf(" pi=%lf\n",pi);
}
```

4. 运行结果

```
n=150
pi=3.131207
```

12.3 最大正方形

问题描述

在一个由 0 和 1 组成的 n 行 m 列二维数组 matrix 里，找到只包含 1 的最大正方形，并返回其面积。

● 算法设计方法 1：枚举法

1. 问题分析

由于正方形的面积等于边长的平方，因此要找到最大正方形的面积，首先需要找到最大正方形的边长，然后计算其平方即可。

枚举法是最简单直观的做法，具体做法如下：

（1）遍历矩阵中的每个元素，每次遇到 1，则将该元素作为正方形的左上角；

（2）确定正方形的左上角后，根据左上角所在的行和列计算可能的最大正方形的边长（正方形的范围不能超出矩阵的行数和列数），在该边长范围内寻找只包含 1 的最大正方形；每次在下方新增一行以及在右方新增一列，判断新增的行和列是否满足所有元素都是 1。

2. 算法说明

算法说明参见表 12-7。

表　12-7

类　　型	名　　称	代表的含义
算法	max(int a, int b)	求 a、b 中较大的那个数
算法	min(int a, int b)	求 a、b 中较小的那个数
算法	solve(int matrix[ ][105], int n, int m)	求正方形最大边长
形参数组	matrix	已知二维数组
形参变量	n	数组行数
形参变量	m	数组列数
整型变量	maxSide	最大正方形的边长
整型变量	currentMaxSide	当前可能的最大正方形边长
整型变量	flag	判断新增一行一列是否均为 1

3. 算法设计

```
#include<stdio.h>

int max(int a, int b)
{
    return a >b ? a : b;
}
```

```
int min(int a, int b)
{
    return a < b ? a : b;
}
int solve(int matrix[][105], int n, int m)
{
    int i, j, k, l, maxSide = 0;
    for(i = 0; i < n; i++)
    {
        for(j = 0; j < m; j++)
        {
            if(matrix[i][j] == 1)
            {
                /* 遇到一个 1 作为正方形的左上角 */
                maxSide = max(maxSide, 1);
                /* 计算可能的最大正方形边长 */
                int currentMaxSide = min(n - i, m - j);
                for (k = 1; k < currentMaxSide; k++)
                {
                    /* 判断新增的一行一列是否均为 1 */
                    int flag = 1;
                    if (matrix[i + k][j + k] == 0)
                        break;
                    for (l = 0; l < k; l++)
                    {
                        if (matrix[i + k][j + l] == 0 || matrix[i + l][j + k] == 0)
                        {
                            flag = 0;
                            break;
                        }
                    }
                    if (flag)
                        maxSide = max(maxSide, k + 1);
                    else
                        break;
                }
            }
        }
    }
    return maxSide;
}
int main()
{
```

```
int matrix[105][105];
int i, j, n, m;
scanf("%d%d", &n, &m);
for(i = 0; i < n; i++)
    for(j = 0; j < m; j++)
        scanf("%d", &matrix[i][j]);
int maxSide = solve(matrix, n, m);
printf("%d\n", maxSide * maxSide);
return 0;
}
```

4. 运行结果

• *算法设计方法 2：递归法*

1. 问题分析

　　求解最大正方形边长思路和枚举法一样，遍历矩阵中的每个元素，每次遇到 1，则将该元素作为正方形的左上角；确定从每个 1 作为正方形起点，判断该点以下侧、右侧、右下侧位置作为起点的正方形最大边长，三者最小值加上 1 的值为该点作为起点的正方形最大边长。

　　递归调用过程中用二维数组 t 来缓存以不同点作为起点的正方形的最大边长，开始初始化为 0。

2. 算法说明

　　算法说明参见表 12-8。

表 12-8

类 型	名 称	代表的含义
算法	max(int a, int b)	求 a、b 中较大的那个数
算法	min(int a, int b)	求 a、b 中较小的那个数
算法	DFS(int matrix[ ][105], int t[ ][105], int n, int m, int row, int col)	以坐标(row, col)作为正方形的左上角找寻当前最大正方形
形参数组	t[row][col]	表示以(row, col)为左上角，且只包含 1 的正方形的边长最大值
整型变量	maxSide	最大正方形的边长
整型变量	bottom	当前点的下侧位置作为起点的正方形最大边长
整型变量	right	当前点的右侧位置作为起点的正方形最大边长
整型变量	rightBottom	当前点的右下侧位置作为起点的正方形最大边长

3. 算法设计

```c
#include<stdio.h>

int max(int a, int b)
{
    return a >b ? a : b;
}

int min(int a, int b)
{
    return a <b ? a : b;
}

int DFS(int matrix[][105], int t[][105], int n, int m, int row, int col)
{
    int bottom, right, rightBottom;
    if (row >=n || col >=m || matrix[row][col] ==0)
        return 0;
    if (t[row][col] >0)
        return t[row][col];
    bottom =DFS(matrix, t, n, m, row +1, col);
    right =DFS(matrix, t, n, m, row, col +1);
    rightBottom =DFS(matrix, t, n, m, row +1, col +1);
    /* 从该点开始寻找,正方形长度要加 1 * /
    t[row][col] =1 +min(bottom, min(right, rightBottom));
    return t[row][col];
}

int main()
{
    int matrix[105][105], t[105][105];
    int n, m;
    int i, j, maxSide =0;
    scanf("%d%d", &n, &m);
    for(i =0; i <n; i++)
        for(j =0; j <m; j++)
            scanf("%d", &matrix[i][j]);
    for (i =0; i <n; i++)
    {
        for (j =0; j <m; j++)
        {
            if (matrix[i][j] ==1)
```

```
            maxSide =max(maxSide, DFS(matrix, t, n, m, i, j));
        }
    }
    printf("%d\n", maxSide * maxSide);
    return 0;
}
```

4. 运行结果

算法设计方法 3：动态规划

1. 问题分析

前面的方法虽然直观，但是时间复杂度太高，有没有办法降低时间复杂度呢？

可以使用动态规划降低时间复杂度。用 $dp[i][j]$ 表示以 (i, j) 为正方形右下角顶点，且只包含 1 的正方形的边长最大值。如果能计算出所有 $dp[i][j]$ 的值，那么其中的最大值即为矩阵中只包含 1 的正方形的边长最大值，其平方即为最大正方形的面积。

那么如何计算 dp 中的每个元素值呢？对于每个位置 (i, j)，参照以下规则检查在矩阵中该位置的值。

（1）如果该位置的值是 0，则 $dp[i][j] = 0$，因为当前位置不可能在由 1 组成的正方形中；

（2）如果该位置的值是 1，则 $dp[i][j]$ 的值由其上方、左方和左上方的三个相邻位置的 $dp[i][j]$ 值决定。具体而言，当前位置的元素值等于三个相邻位置的元素中的最小值加 1，状态转移方程如下：

```
dp[i][j] =min(dp[i -1][j], dp[i -1][j -1], dp[i][j -1]) +1
```

2. 算法说明

算法说明参见表 12-9。

表 12-9

类　型	名　　称	代表的含义
算法	max(int a，int b)	求 a、b 中较大的数
算法	min(int a，int b)	求 a、b 中较小的数
整型变量	maxSide	最大正方形的边长
算法	solve(int matrix[][105]，int dp[][105]，int n, int m)	求正方形最大边长

类　　型	名　　称	代表的含义
形参数组	dp[i][j]	表示以(i,j)为正方形右下角顶点,且只包含 1 的正方形的边长最大值
形参变量	n	矩阵的行数
形参变量	m	矩阵的列数

3. 算法设计

```c
#include<stdio.h>

int max(int a, int b)
{
    return a > b ? a : b;
}

int min(int a, int b)
{
    return a < b ? a : b;
}

int solve(int matrix[][105], int dp[][105], int n, int m)
{
    int maxSide = 0;
    for (int i = 0; i < n; i++)
    {
        for (int j = 0; j < m; j++)
        {
            if (matrix[i][j] == 1)
            {
                if (i == 0 || j == 0)
                    dp[i][j] = 1;
                else
                dp[i][j] = min(min(dp[i - 1][j], dp[i][j - 1]), dp[i - 1][j - 1]) + 1;
                maxSide = max(maxSide, dp[i][j]);
            }
        }
    }
    return maxSide * maxSide;
}

int main()
```

```
{
    int matrix[105][105], dp[105][105];
    int i, j, n, m;
    scanf("%d%d", &n, &m);
    for(i =0; i <n; i++)
        for(j =0; j <m; j++)
            scanf("%d", &matrix[i][j]);
    printf("%d\n", solve(matrix, dp, n, m));
    return 0;
}
```

4. 运行结果

12.4　最大子段和问题

问题描述

最大子段和是一个常见而且经典的模型，又是一类基本的 DP 模型，最大子段问题是对于给定序列$[x_1, x_2, x_3, \cdots]$寻找它的某个连续子段，使得其和最大。如：$\{-1, 5, -2, 1, -7, -4, 2, 3, -1, 2\}$的最大子段是$\{2, 3, -1, 2\}$，其和为 6。这个问题可以通过枚举、分治、动态规划等几种方法来求解。

• **算法设计方法 1：枚举法**

1. 问题分析

对于数组 $a[n]$，其连续的子段有：

从 $a[0]$开始的，$\{a[0]\}$，$\{a[0], a[1]\}$，$\{a[0], a[1], a[2]\}$，$\cdots$共 n 个；

从 $a[1]$开始的，$\{a[1]\}$，$\{a[1], a[2]\}$，$\{a[1], a[2], a[3]\}$，$\cdots$共 $n-1$ 个；

……

从 $a[n]$开始的，$\{a[n]\}$共 1 个。

一共有$(n+1) \times n/2$个连续子段，用枚举法，可以使用双重循环。

2. 算法说明

算法说明参见表 12-10。

表　12-10

类　　型	名　　称	代表的含义
算法	MaxSum_enum(int * arr, int n)	求最大子段和

续表

类　型	名　　称	代表的含义
形参指针变量	arr	存储原数组
形参变量	n	输入数值序列的长度
变量	e	返回的最大子段和

3. 算法设计

```c
#include "stdio.h"
int MaxSum_enum(int * arr,int n)          /* 求最大子段和算法 */
{
    int sum=0,i,j;
    for(i=0; i<n; ++i)
        {
            int thisSum=0;
            for(j=i; j<n; ++j)
            {
                thisSum +=arr[j];
                if(thisSum >sum)
                    sum=thisSum;
            }
        }
    return sum;
}
void main()
{
    int arr[50],n,i,e;
    printf("请输入一个数字<49\n");
    scanf("%d",&n);
    printf("请输入%d 个数字\n",n);
    for(i=1;i<=n;i++)
        scanf("%d",&arr[i]);
    e=MaxSum_enum(arr,n);
    printf("最大子段和为%d\n",e);
}
```

4. 运行结果

```
请输入一个数字<49
5
请输入5个数字
-1 4 -3 6 -2
最大子段和为7
```

5. 算法优化

1) 优化说明

上述算法的时间复杂度为 $O(n^2)$ 阶，可以用以下算法来改进。下面的算法设置了起始位置和结束位置，提高了效率。

2) 算法说明

算法说明参见表 12-11。

表　12-11

类　　型	名　　称	代表的含义
算法	MaxSum_enum(int ＊ arr，int n，int ＊ besti，int ＊ bestj)	求最大子段和
形参指针变量	arr	存储原数组
形参变量	n	输入数值序列的长度
形参指针变量	besti	最大子段下界
形参指针变量	bestj	最大子段上界
变量	e	返回的最大子段和

3) 算法设计

```
#include<stdio.h>
int MaxSum_enum(int * arr,int n,int * besti,int * bestj)
/* besti bestj 用于记录最大子段和区间 [ besti...bestj ] */
{
    int sum=0,i,j;
    * besti=0;
        * bestj=0;
    for(i=0; i<n; ++i)
    {
        int thisSum=0;
        for(j=i;j<=n; ++j)
        {
            thisSum +=arr[j];
            if(thisSum > sum )
            {
                sum=thisSum;
                * besti=i;
                * bestj=j;
            }
        }
    }
    return sum;
}
void main()
{
```

```
    int arr[50],n,i,e,j;
    printf("请输入一个数字<49\n");
    scanf("%d",&n);
    printf("请输入%d个数字\n",n);
    for(i=1;i<=n;i++)
        scanf("%d",&arr[i]);
    i=j=1;
    e=MaxSum_enum(arr,n,&i,&j);
    printf("最大子段和为%d\n",e);
    printf("开始位置为:%d\n",i);
    printf("结束位置为:%d\n",j);
}
```

4）运行结果

```
请输入一个数字<49
5
请输入5个数字
-1 4 -3 6 -2
最大子段和为7
开始位置为：2
结束位置为：4
```

算法设计方法 2：分治法

1. 问题分析

针对这个问题本身的特点，可以从算法"设计"的策略上加以改进。从问题解的结构可以看出，它非常适合用分治法，虽然分解后的子问题并不独立，但通过对重叠的子问题进行专门的处理，并对子问题合并进行设计，就可以用二分法策略解决此题。

下面用分治法，将数组划分为 leftsum 和 rightsum 两部分，分别求左侧区间的最大子段和，以及右边区间的最大子段和。合并时，分为以下三种情况：

（1）左侧区间最大子段和大于右侧区间最大子段和，且两个子段不相邻，选择左侧最大子段和；

（2）右侧区间最大子段和大于左侧区间最大子段和，且两个子段不相邻，选择右侧最大子段和；

（3）左右两个最大子段相邻，合并子段，返回两者之和。

可以得到一个 $O(n \times \log n)$ 阶的算法。

2. 算法说明

算法说明参见表 12-12。

表　12-12

类　　型	名　　称	代表的含义
算法	MaxSum(int a[ ],int left,int right)	二分法求最大子段和
形参数组	a	存储原数组

类　　型	名　　称	代表的含义
形参变量	left	区间的左侧标志
形参变量	right	区间的右侧标志
变量	leftsum	左边最大子段
变量	rightsum	右边最大子段
变量	s	返回的最大子段和

3. 算法设计

```c
#include "stdio.h"
int MaxSum(int a[],int left,int right)
{
    int i,sum=0;
    if(left==right)
        sum=a[left]>0? a[left]:0;
    else
    {
        int center=(left+right)/2;
        int leftsum=MaxSum(a,left,center);
        int rightsum=MaxSum(a,center+1,right);
        int s1=0,s2=0,lefts=0,rights=0;
        for(i=center;i>=left;i--)
        {
            lefts+=a[i];
            if(lefts>s1)
                s1=lefts;
        }
        for(i=center+1;i<=right;i++)
        {
            rights+=a[i];
            if(rights>s2)
                s2=rights;
        }
        sum=s1+s2;
        if(sum<leftsum)
            sum=leftsum;
        if(sum<rightsum)
            sum=rightsum;
    }
    return sum;
}
```

```
void main()
{
    int i,s=0;
    int a[5];
        printf("请输入 5 个数字:\n");
    for(i=0;i<5;i++)
            scanf("%d",&a[i]);
    s=MaxSum(a,1,5);
    printf("最大子段和为:%d\n",s);
}
```

4. 运行结果

```
请输入5个数字
-1 4 -3 6 -2
最大子段和为7
```

算法设计方法 3：动态规划法

1. 问题分析

采用的分治算法减少了分组之间的一些重复计算,但分解后的问题不独立,重复的情况较多,还是没有充分利用前面的计算结果。动态规划法的特长就是解决分解的子问题不独立的情况。用动态规划解决问题的思路很简单,就是通过开辟存储空间,存储各个子问题的计算结果,从而避免重复计算。其实就是用空间换时间。采用动态规划法解决此问题,具体步骤如下。

设 sum[i] 为 $a[1] \sim a[i]$ 的最大子段和,设 this_sum[i] 为当前子段和。

先看 this_sum[i] 的定义,this_sum[i] 从 $i=1$ 开始计算,当 this_sum[i-1]$\geqslant$0 时,前面的子段和对总和有贡献,因此要累加当前元素的值;当 this_sum[i-1]$<$0 时,前面的子段的和对总和没有贡献,要重新开始累加,以后的子段和从 i 开始。

初值：this_sum[0]=0;

当 $i=1,2,3,\cdots,n$ 时,

(1) this_sum[i]=this_sum[i-1]+a[i]   当 this_sum[i-1]$\geqslant$0

(2) this_sum[i]=a[i]   当 this_sum[i-1]$<$0

相应地 sum[i] 的递推定义如下。

初值：sum[0]=0;

当 $i=1,2,3,\cdots,n$ 时,

(1) sum[i]=sum[i-1]   当 this_sum[i]$\leqslant$sum[i-1]

(2) sum[i]=this_sum[i]   当 this_sum[i]$>$sum[i-1]

sum[i] 记录 $a[1] \sim a[n]$ 的最大子段和,不断地存储新得到的较大的 this_sum[i]。

2. 算法说明

算法说明参见表 12-13。

表 12-13

类　　型	名　　称	代表的含义
算法	maxsum(int a[],int n,int * best_i,int * best_j)	动态规划求最大子段和
形参数组	a	存数的数组
形参变量	n	输入数值序列的长度
形参指针变量	besti	子段开始位置
形参指针变量	bestj	子段结束位置
一维数组	this_sum	存储当前的最大子段和
一维数组	sum	存储最后的最大子段和
变量	t	返回的最大子段和

3. 算法设计

```c
#include "stdio.h"
#include "stdlib.h"
int max_sum(int a[],int n,int * best_i,int * best_j)
{
    /* best_i 表示最大子段和的起始下标 */
    /* best_j 表示最大子段和的终点下标 */
    /* i,j 表示当前子段的起点和终点下标 */
    int i,j;
    int this_sum[5];
    int sum[5];
    int max=0;
    this_sum[0]=0;
    sum[0]=0;
    * best_i=0;
    * best_j=0;
    i=1;
    for(j=1;j<=n;j++)
    {
        if(this_sum[j-1]>=0)            /* 判断是否为负数 */
            this_sum[j]=this_sum[j-1]+a[j];
        else
        {
            this_sum[j]=a[j];
            i=j;
        }                              /* 如果子段和数组前一个大于下一个元素 */
        if(this_sum[j]<=sum[j-1])
```

```
        sum[j]=sum[j-1];                    /*对当前子段和赋值*/
    else
    {
        sum[j]=this_sum[j];
        *best_i=i;
        *best_j=j;
        max=sum[j];
    }
    }
    return max;
}
void main()
{
    int i,j,n,t;
    int a[10];
    printf("请输入一个数<49\n");
    scanf("%d",&n);
    printf("请输入 5 个数字\n");
    for(i=1;i<=n;i++)
        scanf("%d",&a[i]);
    i=j=1;
    t=max_sum(a,n,&i,&j);
    printf("最大子段和是:%d\n",t);
    printf("开始位置为:%d\n",i);
    printf("结束位置为:%d\n",j);
}
```

4. 运行结果

```
请输入一个数字<49
5
请输入5个数字
-1 4 -3 6 -2
最大子段和为7
开始位置为: 2
结束位置为: 4
```

12.5 背包问题

问题描述

　　背包问题(knapsack problem)是一种组合优化的 NP 完全问题。问题可以描述为：给定一组物品，每种物品都有自己的重量和价格，在限定的总重量内，如何选择，才能使得物品的总价格最高。问题的名称来源于如何选择最合适的物品放置于给定背包中。相似问题经常出现在商业、组合数学，计算复杂性理论、密码学和应用数学等领域中。也可以将背包问题描述为决定性问题，即在总重量不超过 W 的前提下，总价值是否能达到 V？

它是在 1978 年由 Merkel 和 Hellman 提出的。

它的主要思路是假定某人拥有大量物品，重量各不同。此人通过秘密地选择一部分物品并将它们放到背包中来加密消息。背包中的物品总重量是公开的，所有可能的物品也是公开的，但背包中的物品是保密的。附加一定的限制条件，给出重量，而要列出可能的物品，在计算上是不可实现的。背包问题是熟知的不可计算问题，背包体制以其加密、解密速度快而引人注目。

设有一个背包可以放入的物品重量为 s，现有 n 件物品，重量分别是 $w_1, w_2, w_3, \cdots, w_n$。问能否从这 n 件物品中选择若干件放入背包中，使得放入的重量之和正好为 s。如果有满足条件的选择，则此背包有解，否则此背包问题无解。

算法设计方法 1：递归法

1. 问题分析

0-1 背包问题采用递归算法来描述非常清楚，它的算法根本思想是：假设用布尔函数 $f(s, n)$ 表示 n 件物品放入可容重量为 s 的背包中是否有解，即当 f 函数的值为真（1）时说明问题有解，其值为假（0）时无解。可以根据输入的 s 和 n 值，分为以下几种情况。

（1）当 $s = 0$ 时，可知问题有解，则函数 $f(s, n)$ 的值为 1。

（2）当 $s < 0$ 时，函数值为 0。

（3）当输入的 $s > 0$，且 $n < 1$ 时，即总物品的件数不足 1，这时函数值为 0，只有 $s > 0$，且 $n \geq 1$ 时才符合实际情况，这时又分为两种情况：

① 选择的一组物品中不包括 w_n，则 $f(s, n-1)$ 的解就是 $f(s, n)$ 的解；

② 选择的一组物品中包括 w_n，则 $f(s - w_n, n-1)$ 的解就是 $f(s, n)$ 的解。

这样一组 w_n 的值就是问题的最佳解。将规模为 n 的问题转化为规模为 $n-1$ 的问题。

2. 算法说明

算法说明参见表 12-14。

表 12-14

类　型	名　称	代表的含义
算法	f(int w, int s)	递归算法求解背包问题
形参变量	w	背包的总重量
形参变量	s	物品的指定重量
变量	Weight	背包可载重量
变量	n	物品的件数

3. 算法设计

```
#include "stdio.h"
#include "string.h"
int date[1005];
```

```
int f(int w, int s)
{
    if(w==0) return 1;                      /* 选得正好 */
    if(w<0||w>0 &&s==0) return 0;           /* 退出再选下一个 */
    if(f(w-date[s],s-1)) return 1;          /* 选择下一个 */
    return f(w,s-1);
}
void main()
{
    int i,Weight,n;
    printf("请输入放入物品的总重量和物品的件数(以空格分隔)\n");
    while(scanf("%d %d",&Weight,&n)!=EOF)
    {
        memset(date,0,sizeof(date));
        printf("输入%d个物品的各重量\n",n);
        for(i=1;i<=n;i++)
            scanf("%d",&date[i]);
        if(f(Weight,n))
            printf("装入成功\n");
        else
            printf("装入失败\n");
    }
}
```

4. 运行结果

```
请输入放入物品的总重量和物品的件数<以空格分隔>
20 5
输入5个物品的各重量
1 3 5 7 9
装入成功
```

● 算法设计方法 2：贪心法

1. 问题分析

复杂的背包问题除了要考虑背包的总重量，还要考虑所装物品的最高利润，这样更符合实际，下面用贪心法来解决此问题。

首先，以物品单位重量的价值 v_i/w_i 为关键字，进行降序排序，由 sort() 算法实现。在排序中，为了不移动原物品重量和价值的位置，这里使用一个技巧，另定义一个数组 count[]，用来记录排序的结果，即 count[0] 为排序后物品单位重量价值最大值的下标，也就是说，$v_{[\text{count}[0]]}/w_{[\text{count}[0]]}$ 是所有物品单位重量价值的最大值；以此类推，n 件物品时，count[$n-1$] 为排序后物品单位重量价值最小值的下标，即 $v_{[\text{count}[n-1]]}/w_{[\text{count}[n-1]]}$ 是所有物品单位重量价值的最小值。

然后，使用贪婪策略，由 bag() 算法实现物品的装载过程，即按照上面排序的结果，将按照物品单位重量价值由大到小，依次验证是否装入背包。若该物品装入背包后，背包中物品总重量未超过背包最大承重 m，则选择该物品装入背包，并记录装入标志，即 x 数组对应元素的值置为 1；按此策略进行，直到背包装满为止。

2. 算法说明

算法说明参见表 12-15。

表　12-15

类　　型	名　　称	代表的含义
算法	bag(int n, float m, float * v, float * w, int * x)	贪心法求解背包问题
算法	sort(int n, float * v, float * w, int count[])	按物品单位重量的价值排序
形参变量	n	物品的个数
形参指针变量	v	各物品的价值
形参指针变量	w	各物品的重量
形参数组	x	标志物品是否装入背包
形参数组	count	记录按物品单位重量的价值排序结果
变量	m	背包可载重量

3. 算法设计

```
#include "stdio.h"
void sort(int n, float * v, float * w, int count[])
{
    int i;
    int j;
    int f[100];
    float max;
    for(i=0;i<n;i++)
        f[i]=1;
    for(i=0;i<n;i++)
    {
        count[i]=0;
        max=0;
        for(j=0;j<n;j++)
            if((* (v+j))/(* (w+j))>max&&f[j])
            {
                count[i]=j;
                max=(* (v+j))/(* (w+j));
            }
        f[count[i]]=0;
    }
}
```

```c
void bag(int n,float m,float * v,float * w,int * x)
{
    int i;
    int count[100];
    float sum=0;
    sort(n,v,w,count);
    for(i=0;i<n;i++)
    {
        if( * (w+count[i])>m)
            continue;
        * (x+count[i])=1;                    /* 可以存放该物品时,置 1 */
        m-= * (w+count[i]);                  /* 放入后,背包的可载重量减少 */
        sum+= * (w+count[i]);
        printf("第%d 次装入物品重量=%.2f",i+1,w[count[i]]);
        printf("价值=%.2f\n",v[count[i]]);
    }
    printf("装入物品总重量=%.2f\n",sum);
}
void main()
{
    int m ,n,i;
    float w[100];
    float v[100];
    int x[100];
    printf("输入背包可载重量:\n");
    scanf("%d",&m);
    printf("输入物品个数:\n");
    scanf("%d",&n);
    printf("输入各种物品的重量:\n");
    for(i=0;i<n;i++)
        scanf("%f",&w[i]);                   /* 各种物品的重量 */
    printf("输入各种物品的价值:\n");
    for(i=0;i<n;i++)
        scanf("%f",&v[i]);                   /* 各种物品的价值 */
    for(i=0;i<n;i++)
        * (x+i)=0;
    bag(n,m,v,w,x);
    printf("被选中为 1,未被选中的为 0\n");
    printf("物品的选择情况为:");
    for(i=0;i<n;i++)
        printf("%d   ", * (x+i));
    printf("\n");
}
```

4. 运行结果

```
输入背包可载重量：
28
输入物品个数：
7
输入各种物品的重量：
5 8 4 7 9 3 4
输入各种物品的价值：
4 8 4 5 6 2 7
第1次装入物品重量=4.00    价值=7.00
第2次装入物品重量=8.00    价值=8.00
第3次装入物品重量=4.00    价值=4.00
第4次装入物品重量=5.00    价值=4.00
第5次装入物品重量=7.00    价值=5.00
装入物品总重量=28.00
被选中为1，未被选中的为0
物品的选择情况为： 1 1 1 1 0 0 1
```

● 算法设计方法 3：回溯法

1. 问题分析

采用递归求解 0-1 背包问题的时间复杂度为 $O(n)$。上述算法对于所有物品中的某几件恰能装满背包时能准确求出最佳解。但一般情况是对于某一些物品无论怎么装都不能装满背包，必须要按背包的最大可载重量来装。如物品件数为 4，其质量分别为 10，2，5，4，背包的容量为 20，则这 4 件物品无论怎么放都不能恰好装满背包，但应能最大限度装，即必须装下 10，5，4 这三件物品，这样就能得到最大质量 19。对于这种装不满的背包，解决办法为：按所有物品的组合质量最大的方法装背包，如果还装不满，则可以考虑剩余空间能否装下所有物品中质量最小的一件，如果连这件都装不下则说明得到的解已是最佳解，问题解决。因此，必须先找出 n 件物品中质量最小的那件（它的质量为 Min），但为了尽量减少运算次数，并且必须运用上述递归函数，通过修改 s 的值，即背包的容量，从背包可载重量 s 中减去 k（它的值是从 0 到 Min−1 之间的一个整数值），再调用递归函数。当 $k=0$ 时，即能装满背包，其他值也能保证背包能最大限度装满，这样所有问题得以解决。但此方法没有考虑物品的价值。

当考虑物品价值的算法时，有以下两个要注意的点。

（1）物品有 n 种，背包容量为 s，分别用 $p[i]$ 和 $w[i]$ 存储第 i 种物品的价值和重量，用 $x[i]$ 标记第 i 种物品是否装入背包，用 bestx$[i]$ 存储第 i 种物品的最优装载方案。

（2）用递归函数 Backtrack(i,cp,cw) 来实现回溯法搜索子集树（形式参数 i 表示递归深度，形式参数 cp 和 cw 表示当前总价值和总重量，bestp 表示当前最优总价值）。

2. 算法说明

算法说明参见表 12-16。

表 12-16

类 型	名 称	代表的含义
算法	Backtrack(int i,int cp,int cw)	回溯法求解背包问题
形参变量	i	装入物品的件数

类　型	名　称	代表的含义
形参变量	cp	当前包内物品价值
形参变量	cw	当前包内物品重量
一维数组	w	物品 i 的重量
一维数组	p	物品 i 的价值
一维数组	x	标记 i 是否装入背包
一维数组	bestx	最优装载

3. 算法设计

```c
#include "stdio.h"
int n,s,bestp;
int p[10000],w[10000],x[10000],bestx[10000];
void Backtrack(int i,int cp,int cw)
/* cw 为当前包内物品重量,cp 为当前包内物品价值 */
{
    int j;
    if(i>n)                              /* 回溯结束 */
    {
        if(cp>bestp)
        {
            bestp=cp;
            for(i=0;i<=n;i++)
                bestx[i]=x[i];
        }
    }
    else
        for(j=0;j<=1;j++)
        {
            x[i]=j;
            if(cw+x[i]*w[i]<=s)
            {
                cw+=w[i]*x[i];
                cp+=p[i]*x[i];
                Backtrack(i+1,cp,cw);
                cw-=w[i]*x[i];
                cp-=p[i]*x[i];
            }
        }
}
```

```
void main()
{
    int i;
    bestp=0;
    printf("请输入背包最大可载重量:\n");
    scanf("%d",&s);
    printf("请输入物品个数:\n");
    scanf("%d",&n);
    printf("请依次输入物品的重量:\n");
    for(i=1;i<=n;i++)
        scanf("%d",&w[i]);
    printf("请依次输入物品的价值:\n");
    for(i=1;i<=n;i++)
        scanf("%d",&p[i]);
    Backtrack(1,0,0);
    printf("最大价值为:\n");
    printf("%d\n",bestp);
    printf("被选中的物品依次是(0表示未选中,1表示选中)\n");
    for(i=1;i<=n;i++)
        printf("%d ",bestx[i]);
    printf("\n");
}
```

4. 运行结果

```
请输入背包最大可载重量:
30
请输入物品个数:
8
请依次输入物品的重量:
5 9 4 7 8 2 6 5
请依次输入物品的价值:
9 5 7 10 3 8 4 8
最大价值为:
46
被选中的物品依次是(0表示未选中, 1表示选中)
1 0 1 1 0 1 1 1
```

• 算法设计方法 4：动态规划法

1. 问题分析

算法需要搜索的问题解空间有 2^n 个分支，也就是说算法的时间复杂度为 $O(2^n)$。下面给出一些效率方面有所改进的算法——动态规划法。用动态规划法解决问题，首先是要找出解决问题的阶段，本题阶段的划分比较直观，就是逐个决定一个物品的取舍情况，显然不能根据一个或其中的几个具体物品的重量和利润就得出取舍的结论。但在肯定当前背包的容量的同时，一个物品选取的可能性是可以确定的。

令 $V(i,j)$ 表示在前 $i(1\leqslant i\leqslant n)$ 个物品中能够装入可载重量为 $j(1\leqslant j\leqslant S)$ 的背包中的物品的最大价值，则可得到如下的动态规划函数。

(1) $V(i,0) = V(0,j) = 0$

(2) $V(i,j) = V(i-1,j)$ 当 $j < w_i$

(3) $V(i,j) = \max\{V(i-1,j), V(i-1,j-w_i) + v_i\}$ 当 $j > w_i$

这里(2)式表明,如果第 i 个物品的重量大于背包的可载重量,则装入前 i 个物品得到的最大价值和装入前 $i-1$ 个物品得到的最大价值是相同的,即物品 i 不能装入背包。

(3)式表明,如果第 i 个物品的重量小于背包的可载重量,则会有以下两种情况。

① 如果把第 i 个物品装入背包,则背包物品的价值等于第 $i-1$ 个物品装入可载重量为 $j-w_i$ 的背包中的价值加上第 i 个物品的价值 v_i。

② 如果第 i 个物品没有装入背包,则背包中物品价值就等于把前 $i-1$ 个物品装入可载重量为 j 的背包中所取得的价值。显然,取二者中价值最大的作为把前 i 个物品装入可载重量为 j 的背包中的最优解。

2. 算法说明

算法说明参见表 12-17。

表 12-17

类 型	名 称	代表的含义
算法	KnapSack(int n,int w[],int v[],int x[],int S)	动态规划法求解背包问题
形参变量	n	输入物品的件数
形参数组	w	物品 i 的重量
形参数组	v	物品 i 的价值
形参数组	x	标记 i 是否装入背包
变量	S	背包可载重量
算法	max(int a,int b)	找出两个值中的较大者
形参变量	a,b	两个值

3. 算法设计

```
#include "stdio.h"
int V[200][200];            /*前 i 个物品装入可载重量为 j 的背包中获得的最大价值*/
int max(int a,int b)
{
    if(a>=b)
        return a;
    else
        return b;
}
int KnapSack(int n,int w[],int v[],int x[],int S)
{
    int i,j;
```

```
        for(i=0;i<=n;i++)
            V[i][0]=0;
        for(j=0;j<=S;j++)
            V[0][j]=0;
        for(i=0;i<=n-1;i++)
            for(j=0;j<=S;j++)
                if(j<w[i])
                    V[i][j]=V[i-1][j];
                else
                    V[i][j]=max(V[i-1][j],V[i-1][j-w[i]]+v[i]);
        j=S;
        for(i=n-1;i>=0;i--)
        {
            if(V[i][j]>V[i-1][j])
            {
                x[i]=1;
                j=j-w[i];
            }
            else
                x[i]=0;
        }
        printf("选中的物品是(0表示未选中,1表示选中):\n");
        for(i=0;i<n;i++)
            printf("%d ",x[i]);
        printf("\n");
        return V[n-1][S];
}
void main()
{
    int S;
    int w[15];
    int v[15];
    int x[15];
    int n,i;
    int max;
    n=5;
    printf("请输入背包的最大可载重量:\n");
    scanf("%d",&S);
    printf("输入物品数:\n");
    scanf("%d",&n);
    printf("请分别输入物品的重量:\n");
    for(i=0;i<n;i++)
        scanf("%d",&w[i]);
```

```
printf("请分别输入物品的价值:\n");
for(i=0;i<n;i++)
    scanf("%d",&v[i]);
max=KnapSack(n,w,v,x,S);
printf("最大物品价值为:\n");
printf("%d\n",max);
}
```

4. 运行结果

```
请输入背包的最大可载重量:
25
输入物品数:
6
请分别输入物品的重量:
4 5 8 2 4 7
请分别输入物品的价值:
4 8 4 5 6 9
选中的物品是(0表示未选中,1表示选中):
1 1 0 1 1 1
最大物品价值为:
32
```

习　　题

12-1 输出整数 a 从右端开始的 4～7 位。

12-2 求最小生成树的算法。

12-3 旅行售货员问题。设 G 是有 n 个顶点的有向图,设计带有上界函数的算法,进一步提高算法的效率。

12-4 现在有 10 箱精密零件,已知其中 9 箱都是全钢的,只有 1 箱是半钢的(外表区分不出来),全钢的重 10g,半钢的重 9g,请编写算法,用尽可能少的称重次数找出半钢的零件。

12-5 有 n 堆石子,每堆有若干个石子,数量不一定相同,两人轮流从任一堆中拿走任意数量的石子,最后把石子全部拿走者为胜利方。编写程序实现上述问题。

12-6 甲、乙两村相距 10km,要在两村之间联合建一所小学。甲村有 60 人上学,乙村有 40 人上学。编程求学校应该建在什么地方,才能使这 100 个学生每天上学的总行程最短?

12-7 筛选求质数。质数是除了自身之外,无法被其他整数整除的数,求质数很简单,但如何快速地求出质数一直是程序设计人员的课题,试应用不同的方法求质数,并加以比较。

12-8 给定一个只含数字符号(0～9)的字符串,请使用字符串中的某些字符,构建一个能够整除 3 和 15 的最大的整数。

12-9 海滩上有一堆桃子,5 只猴子来分。第一只猴子把这堆桃子平均分成 5 份,多了 1 个,这只猴子把多的 1 个扔入海中,拿走了 1 份;第二只猴子把剩下的桃子又平均分成 5 份,又多了 1 个,它同样把多的 1 个扔进海中,拿走了 1 份;第三、第四、第五只猴子都是这样做的,问海滩上原来最少有多少个桃子?

12-10 赵明、孙勇、李佳三位同学同时到达学校卫生室,等候校医治病。赵明打针需要5分钟,孙勇包纱布需要3分钟,李佳点滴眼药水需要1分钟。卫生室只有一位校医,校医如何安排三位同学的治病次序,才能使三位同学留在卫生室的时间总和最短?

12-11 已知 A、B 两个批发部分别有电视机 70 台和 60 台,甲、乙、丙三个商店分别需要电视机 30 台、40 台和 50 台,现给出从 A、B 每发出一台电视机到甲、乙、丙的运费表(见表 12-18)。问如何调运才能使运费最少,并算出此时所需的运费。

表 12-18

	甲	乙	丙
A	20	70	30
B	30	100	50

12-12 装箱问题,描述如下:$S=(S_1,S_2,\cdots,S_n)$,其中 $0<S_i\leqslant 1$,称之为第 i 个物体的体积,$1\leqslant i\leqslant n$,现有 n 个容积为 1 的箱子,如何将 $S_1,S_2,\cdots,S_n$ 放入尽可能少的箱中。

12-13 有这样一种纸牌游戏,共有 N 张纸牌,一字排开,纸牌有正反两面,开始的纸牌可能是一种乱的状态,现在需要整理这些纸牌。但麻烦的是,每当翻一张纸牌(由正翻到反,或者由反翻到正)时,它左右两张纸牌也必须跟着翻动,现在给出一个乱的状态,按照上述规则,问能否整理好,使得每张纸牌都正面朝上,如果可以,最少需要多少次操作?

12-14 给定一个无向图 $G=(V,E)$,其中 V 为顶点集合,E 为边集合,图着色问题即为将 V 分为 K 个颜色组,每个组形成一个独立集,即其中没有相邻的顶点。如何获得最小的 K 值?

12-15 从一个长方体中加工出一个尺寸已知、位置预定的长方体(这两个长方体的对应表面平行),通常要经过 6 次阶段切割。单位面积的费用是垂直切割单位面积费用的 r 倍。且当先后两次垂直切割的平面(不管它们之间是否穿插水平切割)不平行时,因调整道具需额外费用 c。试设计一种加工次序,使加工费用最少。

12-16 机器调度问题。机器调度是指有 m 台机器要处理 n 个作业,设作业 i 的处理时间为 t_i,则对 n 个作业进行机器分配,使得:

(1)一台机器在同一时间内只能处理一个作业;

(2)一个作业不能同时在两台机器上处理;

(3)作业 i 一旦运行,则需要 t_i 个连续时间单位。

设计算法进行合理调度,使得在 m 台机器上处理 n 个作业所需要的处理时间最短。

12-17 扩展汉诺塔问题。设 a,b,c,d 是 4 个塔座。开始时,在塔座 a 上有一叠共 n 个圆盘,这些圆盘自下而上,由大到小地叠在一起。各圆盘从小到大编号为 1,2,$\cdots$,n,现要求采用不同算法将塔座 a 上的这一叠圆盘移到塔座 d 上,并仍按同样顺序叠置。在移动圆盘时应遵守以下移动规则。

规则 1：每次只能移动一个圆盘。

规则 2：任何时刻都不允许将较大的圆盘压在较小的圆盘之上。

规则 3：在满足移动规则 1 和规则 2 的前提下，可将圆盘移至 a,b,c,d 中任一塔座上。设计算法实现一种移动方案，并分析算法的时间复杂度。

12-18　骑士走棋盘在 18 世纪初备受数学家与拼图迷的关注，骑士的走法与西洋棋的走法相同，骑士可以由任一个位置出发，请问它要如何走完所有的位置？

12-19　现在，要举行一个餐会，让访客事先填写到达时间与离开时间，为了掌握座位的数目，必须先估计不同时间的最大访客数。

12-20　骑士游历问题。设有一个 $m \times n$ 的棋盘($2 \leqslant m \leqslant 50, 2 \leqslant n \leqslant 50$)，在棋盘上任一点有一个中国象棋"马"，马走的规则为：马走日字；马只能向右走。当 m, n 给出后，同时给出马起始的位置和终点的位置，试找出从起点到终点所有路径的数目。

输入：m, n, x_1, y_1, x_2, y_2(分别表示 m 和 n，起点坐标和终点坐标)。

输出：路径数目(若不存在，则输出 0)。

12-21　现在已知有 N 只鸭子站在一排，每只鸭子都有一个编号，从 1 到 N，每次杀鸭时给定一个 K 值，从活着的鸭子中，编号从小到大地找到编号 K 的倍数的鸭子，然后杀掉。再接着为剩下的鸭子重新从小到大编号，找到第 K 的倍数的鸭子，然后杀掉。例如，现在有 10 只鸭子，K 为 3，第一次杀掉 3, 6, 9 号的鸭子，第二次杀掉 4, 8 号鸭子，第三次杀掉 5 号鸭子，第四次杀掉 7 号鸭子，第五次杀掉 10 号鸭子，其中，10 号鸭子是最后一只被杀掉的(从 1 到 $K-1$ 的鸭子运气好，不会被杀)。现在给定一个 N 和一个 K，问最后一只被杀掉的鸭子的编号是多少？

12-22　租用游艇问题。长江游艇俱乐部在长江上设置了 n 个游艇出租站 $1, 2, \cdots, n$。游客可在这些游艇出租站租用游艇，并在下游的任何一个游艇出租站归还游艇。游艇出租站 i 到游艇出租站 j 之间的租金为 $r(i, j)(1 \leqslant i < j \leqslant n)$。若给定游艇出租站 i 到游艇出租站 j 之间的租金为 $r(i, j)$，试编程计算从游艇出租站 1 到游艇出租站 n 所需的最少租金。

12-23　猪肉价格昂贵，著名的 Boy 也开始了养猪生活。说来也奇怪，他养的猪一出生第二天开始就能每天中午生一只小猪，而且生下来的竟然都是母猪。不过光生小猪也不行，Boy 还采用了一个很奇特的办法来管理养猪场：每头刚出生的小猪，在生下第二头小猪后立马被杀掉，卖给超市。假设在创业的第一天，Boy 只买了一头刚出生的小猪，请问，在第 N 下午，Boy 的养猪场里还存有多少头猪？

12-24　炮兵阵地问题。司令部的将军们打算在 $N \times M$ 的网格地图上部署炮兵部队。一个 $N \times M$ 的地图由 N 行 M 列组成，地图的每一格可能是山地(用"H"表示)，也可能是平原(用"P"表示)，如图 12-1 所示。在每一格平原地形上最多可以布置一支炮兵部队(山地上不能部署炮兵部队)；一支炮兵部队在地图上的攻击范围如图中黑色区域所示：如果在地图中的灰色所标识的平原上部署一支炮兵部队，则图中的黑色网格表示它能够攻击到的区域：沿横向左右各两格，沿纵向上下各两格。图上其他白色网格均攻击不到。从图上可见炮兵的攻击范围不受地形的影响。现在，在防止误伤的前提下（保证任何两支炮兵部队之间不能互相攻击，即任何一支炮兵部队都不在其他支炮兵部队的攻击范围内），在整个地图区域内最多能够摆放多少炮兵部队？输入：第一行输出数据测试组数 X（$0 < X < 100$）；接下来每组测试数据的第一行包含两个由空格分割开的正整数，分别表示 N 和 M；接下来的 N 行，每一行含有连续的 M 个字符（"P"或"H"），中间没有空格。按顺序表示地图中每一行的数据（$0 \leq N \leq 100, 0 \leq M \leq 10$）。

输出：每组测试数据输出仅一行，包含一个整数 K，表示最多能摆放的炮兵部队的数量。

P	P	H	P	H	H	P	P
P	H	P	H	P	H	P	P
P	P	P	H	H	H	P	H
H	P	H	P	P	P	P	H
H	P	P	P	P	P	P	H
H	P	P	H	P	H	H	P
H	H	H	P	P	P	P	H

图 12-1